Sambhaji Jarande
B.N. Patel
N.I. Shah

# Efeito da sacarose e dos elementos nutritivos na frutificação da manga cv. Kesar

AF526075

Sambhaji Jarande
B.N. Patel
N.I. Shah

# Efeito da sacarose e dos elementos nutritivos na frutificação da manga cv. Kesar

ScienciaScripts

**Imprint**
Any brand names and product names mentioned in this book are subject to trademark, brand or patent protection and are trademarks or registered trademarks of their respective holders. The use of brand names, product names, common names, trade names, product descriptions etc. even without a particular marking in this work is in no way to be construed to mean that such names may be regarded as unrestricted in respect of trademark and brand protection legislation and could thus be used by anyone.

Cover image: www.ingimage.com

This book is a translation from the original published under ISBN 978-3-659-86337-0.

Publisher:
Sciencia Scripts
is a trademark of
Dodo Books Indian Ocean Ltd. and OmniScriptum S.R.L publishing group

120 High Road, East Finchley, London, N2 9ED, United Kingdom
Str. Armeneasca 28/1, office 1, Chisinau MD-2012, Republic of Moldova, Europe
Managing Directors: Ieva Konstantinova, Victoria Ursu
info@omniscriptum.com

Printed at: see last page
**ISBN: 978-620-8-39272-7**

Copyright © Sambhaji Jarande, B.N. Patel, N.I. Shah
Copyright © 2024 Dodo Books Indian Ocean Ltd. and OmniScriptum S.R.L publishing group

# ÍNDICE

Dedicado

Para o meu
amado

Os pais e o meu
guru

Dr. B. N. Patel

**Suj alam, Suphalam, Malayaja**

**Shitalam, Shasyashyamalam, Mataram!**
**Vande Mataram!!!**

Quando traduzido significa: **"Curvo-me perante a Mãe, ricamente regada, ricamente frutificada, fresca com os ventos do sul, escura com as colheitas das colheitas...**

**A Mãe !!!**

**- Shri Bankim Chandra Chatterji**

**"EFEITO DA SUCROSE E DE ALGUNS ELEMENTOS NUTRICIONAIS NA FRUTAÇÃO DA MANGA Cv. KESAR"**


# RESUMO

A presente investigação intitulada "Efeito da sacarose e de alguns elementos nutritivos na frutificação da manga Cv. Kesar" foi realizado na Estação Experimental Agrícola, Universidade Agrícola de Navsari, Paria, Ta-Pardi, Distrito de Valsad, durante o ano de 2009-2010. O trabalho de laboratório foi efectuado no Department of Soil Science and Agril. Chemistry, ASPEE College of Horticulture and Forestry, Navsari Agricultural University, Navsari.

The present experiment was laid out in Randomized Block Design (RBD) with ten treatments and three replications *i.e.* T1-sucrose 5%., T2- sucrose 10%., T3- sucrose 5% + potassium citrate 0.2%., T4- sucrose 5% + potassium citrate 0.3%, T5- sacarose 5% + ácido bórico 0,5%, T6- sacarose 10% + citrato de potássio 0,2%, T7- sacarose 10% + citrato de potássio 0,3%, T8- sacarose 10% + ácido bórico 0,5%, T9- controlo (apenas pulverização com água), T10- controlo (sem pulverização com água). A pulverização foi efectuada na fase de plena floração. As observações sobre a frutificação, o rendimento e os parâmetros de qualidade foram registados e analisados estatisticamente.

Relativamente à frutificação na fase de ervilha e na fase de bolinha de gude, o maior valor de frutificação foi obtido com o tratamento sacarose 10% + ácido bórico 0,5% (T8), seguido do tratamento sacarose 5% + ácido bórico 0,5% (T5). A retenção de frutos na colheita também foi maior nos mesmos tratamentos.

Considerando os parâmetros de rendimento, o número máximo de frutos e o rendimento foram registados no tratamento sacarose 10% + ácido bórico 0,5% (T8). O segundo melhor tratamento foi sacarose 5% + ácido bórico 0,5% (T5). Uma tendência semelhante foi registada no peso individual dos frutos (g).

Os sólidos solúveis totais e o teor de ácido ascórbico dos frutos foram significativamente alterados pela sacarose e pelo elemento nutritivo. O valor mais elevado de SST e de teor de ácido ascórbico dos frutos foi registado no tratamento com sacarose 10% + ácido bórico 0,5% (T8), seguido do tratamento com sacarose 5% + ácido bórico 0,5% (T5). Outros parâmetros de qualidade, como o açúcar redutor, o açúcar total, a acidez, o açúcar não redutor, *etc.*, não foram afectados pelos diferentes tratamentos.

Do ponto de vista económico, obtiveram-se maiores rendimentos líquidos e BCR nos tratamentos sacarose 10% + ácido bórico 0,5% (T8) e sacarose 5% + ácido bórico 0,5% (T5), respetivamente.

## Agradecimentos

*Expresso o meu infinito sentido de gratidão ao* **Senhor QAJANANA e** *ao* **NARANDRANA'** *TNA por me fornecerem continuamente energia espiritual, o que me inspirou a atingir a mais alta excelência durante a minha carreira académica.*

*De facto, as palavras que tenho à minha disposição não são adequadas para transmitir a profundidade do meu sentimento e gratidão ao meu orientador principal,* **Dr. <B. N. Datel, Research Scientist (Norticuiture), Regional Norticuiture Research Station, ASDEE College** *of* **Norticuiture** *& Eorestry,* **Navsari Agricultural'** *Cniversity,* **Navsari,** *pela sua valiosa e inspiradora orientação com a sua natureza amigável, [ove e afeto, pela sua atenção e atitude magnânima desde o primeiro dia, encorajamento constante, enorme ajuda e crítica construtiva ao longo do curso desta investigação e preparação deste manuscrito.*

*É com grande prazer que recebo este orgulhoso privilégio, oferecendo os meus mais sinceros e dedicados agradecimentos ao meu orientador menor* **Er. A.** *N* **SENADATI**, *Professor Assistente (Tecnologia Dost Narvest), ASDEE College of Norticulture & Eorestry, Navsari Agricultural Cniversity, Navsari; e aos outros membros do meu comité consultivo* **Dr. D.** *R,* **Darmar**, *Professor Associado (Norticu!ture), N.N. College of Agriculture, Navsari Agricultural Cniversity, Navsari e* **Nr.** *N.* **N. Chhatroia**, *Professor Adjunto (Estatística Agrícola), ASDEE Coiiege of Norticuiture & Eorestry, Navsari Agricultural Cniversity, Navsari, pelas suas sugestões válidas, pela sua ajuda sempre disponível e pela sua atitude imparcial ao longo de todo o processo de investigação.*

*Agradeço as facilidades concedidas pelo* **Dr.** *N.* **L. Datei**, *Drincipa!, ASDEE College of Norticuiture and Eorestry, Navsari Agricultural Cniversity, Navsari, durante os meus estudos. Reconheço igualmente a autoridade da Navsari Agricultural Cniversity pelo facto de me ter proporcionado a realização de uma pós-graduação.*

*Expresso os meus sinceros agradecimentos ao Dr. N. N. Date! (Cientista Assistente), Dr. Chirag Desai (Cientista Investigador Júnior), Dr. D. T. Desaai (Cientista Investigador), Nr. J. N. Date! (Cientista investigador), Dr. A.Ç. Naik$_l$ (Professor e Nead NN college Navsari), Nr. NK- Date! (professor assistente) por me terem proporcionado as facilidades necessárias, orientação e ajuda durante o período de estudo. Estou em dívida para com o Tr. R. H. Kolambe, professor do ASTEE College of Horticulture & Eorestry, por me ter proporcionado todas as facilidades necessárias para o trabalho de investigação.*

*Não poderia esquecer a incrível cooperação dos meus amigos* **Tarag** *Jadhav,* **Manoj** *Tadav,* **Rajmani** *Kumar,* **Rohidas**, **Chandrahfint Shinde, Sumit Salunfe, Çanesh Kotgire Satish** *Zamhre,* **Ashvini,** *Tooja,* **Kingare Madam, More Madam** *e* **Triyanfa** *pela excelente companhia, amor, apoio e encorajamento.*

*Embora o thanf seja um tabu na amizade, a minha consciência não me permite abster-me de exprimir o meu sentimento sincero em relação aos meus queridos amigos Ashof Savvashe, Sainath, KivefTawar, Tanfaj Rahalerao, Rflhul Rhalerao, Sambhaji Talane, Ashish Çaifwad, Trashant Hanaware, Hemant, prashant Tund, Sajan Hingonefar, Harish Thafre, Mangesh Thage, Abhijeet Choudhary, Hilam Tatei, Renu, Shafti Arbat, Çaurang Tesai, Himesh, Havneet, Kishal Teshmufh, Mehul, Ramesh Tardesi, Kday, Manoj e Rflmdin todos os outros amigos que, direta ou indiretamente, me ajudaram a completar o meu trabalho de investigação e a sua companhia alegre tornou a minha vida mais rica.*

*A minha gratidão para com o meu pai, Sr.* ***Tattatray*** *L.* ***Jarande,*** *a minha mãe,* ***Sra. Mangal*** *T.* ***Jarande,*** *o meu irmão mais velho, Masfhu, e o meu irmão mais novo, Tabu,* ***o meu tio, Sr. Tnyandev*** *L.* ***Jarande,*** *a minha tia,* ***Sra. Sangita*** *T.* ***Jarande, e*** *a minha irmã Swati, Refha, Heha, Jyoti,* ***Manu,*** *Tinfu e o meu sobrinho Çuru, cujo amor desinteressado e afeto filial,* ***encorajamento constante, sacrifícios obstinados e sinceros, e sobrinho Çuru,*** *foram os mais importantes.* ***Jarande*** *e irmã Swati, Refha, Heha, Jyoti, Manu, Tinfu e sobrinho Çuru, cujo amor desinteressado, afeto filial, encorajamento constante, sacrifícios obstinados, orações sinceras, expectativas e bênçãos foram sempre uma fonte vital de inspiração na minha vida.*

*Como, ao levar isto na mão, levo comigo recordações que enriquecerão a minha nostalgia.*

*Local : Havsari*

*(JARANDE SAMBHAJI D.)*

*Tate: 24/04/2011*

## LISTA DE ABREVIATURAS E SÍMBOLOS

| SR. NO. | ABBREVIATION | MEANING |
|---|---|---|
| 1. | % | Per cent |
| 2. | $^0$C | Degree Celsius |
| 3. | C.D. | Critical difference |
| 4. | C.V. | Co-efficient of variance |
| 5. | S.Em. ± | Standard error of mean |
| 6. | NS | Non-significant |
| 7. | cm | Centimeter |
| 8. | Cv. | Cultivar |
| 9. | ha | Hectare |
| 10. | MT | Metric Tones |
| 11. | Kg | Kilogram |
| 12. | *et al.* | and his co-workers |
| 13. | Anon. | Anonymous |
| 14. | ppm | Parts per million |
| 15. | PLW | Physiological loss in weight |
| 16. | g | Grams |
| 17. | / | Per |
| 18. | *i.e.* | That is |
| 19. | FYM | Farm Yard manures |
| 20. | Ca | Calcium |
| 21. | Zn | Zinc |
| 22. | Fe | Ferrous |
| 23. | B | Boron |
| 24. | Rs. | Rupees |
| 25. | t | Tonnes |
| 26. | @ | At the rate of |
| 27. | ml | Millilitre |
| 28. | m | Metre |
| 29. | $m^2$ | Square metre |
| 30. | TSS | Total soluble solids |
| 31. | BCR | Benefit cost ratio |
| 32. | *etc.* | et cetera (and so on) |
| 33. | *viz.,* | Videlicet (Namely) |
| 34. | MOP | Murate of potash |
| 35. | DAP | Diammonium phosphate |

# I. Introdução

A manga (*Mangifera indica* L.) pertence à família Anacardiaceae e é um fruto importante das regiões tropicais e subtropicais entre as latitudes $23^0$ N e Sul do mundo, com o centro de produção na Índia. O género *Mangifera* é originário do Sudeste Asiático e a sua propagação natural limita-se à região indo-malaia, que se estende da Índia às Filipinas e à Nova Guiné. A manga é cultivada em quase 63 países em todo o mundo, mas este fruto ocupa um lugar único entre as culturas frutícolas cultivadas na Índia.

É o principal fruto da Ásia e desenvolveu a sua própria importância em todo o mundo. A manga é o fruto nacional da Índia. Além de ser um fruto excelente e delicioso, é utilizado para fazer parte da cultura e das cerimónias religiosas desde há muito tempo. Sobretudo na Índia, onde é considerada o fruto indígena de eleição. De facto, não será exagero dizer que, devido ao seu excelente sabor, fragrância atraente, cor, sabor delicioso e valor nutritivo. A manga é mais reconhecida como um dos melhores frutos do mercado mundial. De facto, ocupa um lugar preeminente entre as culturas frutícolas cultivadas na Índia e**, devido ao seu bom gosto e às suas boas qualidades, é designada como o "rei da fruta".**

Quase todas as cultivares comestíveis de manga pertencem à única espécie *Mangifera indica* L., originária do subcontinente indiano. A Índia pode orgulhar-se de ter a maior riqueza de germoplasma de manga disponível, com cerca de 1.000 cultivares.

Na Índia, a área cultivada com manga é de 25,05 lakh hectares, com uma produção anual de 137,92 lakh MT. Os principais Estados produtores são Uttar Pradesh, Andhra Pradesh, Bihar, Karnataka, Tamil Nadu, Kerala, Maharashtra, Orissa, Bengala Ocidental e Gujarat. (Anon, 2009).

Atualmente, no Estado de Gujarat, a área total cultivada com manga é de cerca de 1,15 lakh ha, com uma produção de cerca de 2,99 lakh M.T (Anon., 2009). No Estado de Gujarat, a área de manga, que representa cerca de 8%, situa-se no sul de Gujarat. Os principais distritos produtores de manga são Valsad, Navsari, Surat, Kheda, Vadodara, Anand, Junagadh e Bhavnagar. O distrito de Valsad ocupa o primeiro lugar em termos de área (24 240 ha), seguido do distrito de Navsari (18 048 ha). O distrito de Junagadh ocupa a primeira posição em termos de produção (54 016 MT), seguido do distrito de Valsad, com cerca de 48 480 MT (Anon, 2009).

A manga é o principal fruto da Ásia e tem a sua própria importância em todo o mundo. Entre as mangas exportadas pela Índia, a Kesar representa mais de 90 % da quota e Gujarat é um dos principais produtores de manga de qualidade superior (Shrivastav, 2007).

As cultivares importantes cultivadas comercialmente nas condições de Gujarat são Kesar, Alphonso, Rajapuri, Totapuri, Dadamiyo, Jamadar, Vashi Badami, Dashehari, Langra, Neelum, Vanraj, Sabja, Ratna, Sardar, etc. Entre estas **cultivares, a "Kesar" é famosa pela excelente qualidade dos frutos de mesa e pelo seu** sabor **agradável**. A manga "Kesar" é popular no país e no estrangeiro, sendo exportada para os EUA, os países do Golfo e o mercado europeu, *etc*.

A cultivar Kesar é conhecida pelo seu crescimento vigoroso, alto rendimento, boa **aceitação pelo consumidor, forma atractiva, tamanho, cor da polpa e muito boa** qualidade de conservação. Estes frutos estão a prepararse para o verdadeiro teste do ano, através da exportação para os EUA, o mercado europeu e o Japão. A empresa estatal Gujarat Agro Industries Corporation (GAIC) está agora pronta para exportar mangas Kesar frescas para os EUA e o Japão. A GAIC exportou Kesar para o Japão depois de este último ter levantado a proibição de importação de mangas, na condição de o fruto ser tratado pelo calor do vapor, o que mantém a qualidade higiénica de acordo com as normas internacionais. (Shrivastav, 2007).

A Índia é o maior produtor e exportador de manga, mas a produtividade é muito baixa em comparação com outros países produtores de manga. Há muitos factores, como a alternância de produção, a queda de frutos, a infeção por pragas e doenças e a polinização inadequada, que contribuem para o baixo rendimento da manga. Por conseguinte, para ultrapassar o problema da polinização inadequada, verificou-se que alguns elementos nutritivos, como a sacarose, são úteis para melhorar o vingamento dos frutos, a qualidade dos frutos e o rendimento da manga.

No entanto, observou-se uma indicação de irregularidade na produção devido a enormes flutuações no rendimento durante os últimos dois anos. Um dos mais importantes estrangulamentos na produção de manga é a forte queda de frutos imaturos (99,9%) durante as diferentes fases de desenvolvimento da maioria das cultivares comerciais de manga, que se acredita ser a principal razão para o baixo rendimento.

Verifica-se que foram efectuados muitos trabalhos para reduzir a queda de frutos e aumentar a produção de frutos das cultivares de Gujarat. Os trabalhos de investigação sobre a Kesar, no que diz respeito a uma melhor retenção, rendimento e qualidade dos frutos com a utilização de sacarose, citrato de potássio e ácido bórico (Sanna e Abd-El-Migeed 2005). A flor hermafrodita elevada, a retenção de frutos, o rendimento e a qualidade foram alcançados com ácido bórico (Kumar *et al.* 2008, Dutta, 2004, Rath *et al.* 1980, Banik *et al.* 1997). No entanto, muito pouco trabalho foi feito com a manga Kesar, no que respeita à retenção de frutos e à produção de frutos de qualidade. Assim, a investigação de presença foi empreendida para estudar o **"Efeito da sacarose e dos elementos nutritivos na frutificação da manga cv. Kesar"** para compreender o comportamento da frutificação e da qualidade dos frutos da importante cultivar de manga Kesar de Gujarat, com os seguintes objectivos principais

1. Conhecer o efeito da sacarose e dos produtos químicos na frutificação da manga.
2. Conhecer o efeito da sacarose e dos produtos químicos na produção de frutos de manga.
3. Descobrir o efeito da sacarose e dos produtos químicos na qualidade dos frutos da manga.

Espera-se que os resultados desta investigação forneçam informações básicas e aplicadas e sejam de grande ajuda para os investigadores, os produtores de manga e os comerciantes para um melhor manuseamento dos pomares, aumentando o rendimento e a qualidade da manga cv. Kesar.

## II. Revisão da literatura

**O presente trabalho de investigação intitulado "Efeito da sacarose e dos elementos nutritivos na frutificação da manga cv. Kesar" foi efectuado durante 2009-2010.** Com o objetivo de verificar a resposta de vários produtos químicos na frutificação, retenção de frutos, rendimento e qualidade dos frutos de manga. A revisão da literatura mostrou que este tipo de trabalho de investigação foi realizado em diferentes regiões ou em diferentes culturas de frutos.

A manga é um dos frutos mais importantes das regiões tropicais e subtropicais. A investigação destinada a aumentar a produção nas regiões tropicais e subtropicais tem-se centrado, em grande medida, na redução da queda de frutos com vários produtos químicos para aumentar a frutificação, a retenção de frutos, o rendimento e a qualidade dos frutos na cultivar de manga Kesar. Dos muitos elementos nutritivos para plantas descobertos, poucos alcançaram desenvolvimento e aceitação comercial.

Trabalhos anteriores revelaram que mais de 99% da colheita de manga se perdeu devido à queda de flores hermafroditas e à queda de frutos após a frutificação devido a uma polinização inadequada (Naik e Rao, 1945).

No entanto, foram realizados vários ensaios para minimizar a percentagem de queda de frutos, atrair agentes polinizadores como a mosca doméstica comum (*Musca domestica*), pequenos dípteros (*Melipona spp.*) e uma espécie de mosca-dos-ponteiros (*Syrphidae spp.*), aumentar a produção de frutos e melhorar os parâmetros de qualidade dos frutos através da pulverização com alguns elementos macro e micronutrientes como aplicação foliar para atingir esse objetivo. A sacarose tem um efeito positivo na atração de um maior número de insectos, o que resulta num aumento da frutificação, do rendimento e da qualidade dos frutos. O potássio e o boro também desempenham um papel importante em muitos processos fisiológicos e bioquímicos na planta (Sanna e Abd-El-Migeed., 2005).

Tenta-se aqui apresentar uma breve descrição de alguns estudos anteriores relacionados com o presente inquérito sobre a manga e outras culturas frutícolas, sob os seguintes títulos.

1. Efeito da sacarose e dos elementos nutritivos nos parâmetros de vingamento dos frutos.
2. Efeito da sacarose e dos elementos nutritivos nos parâmetros de rendimento.
3. Efeito da sacarose e dos elementos nutritivos nos parâmetros de qualidade dos frutos.
4. Efeito da sacarose e dos elementos nutritivos nos parâmetros económicos.

### 2.1 Efeito da sacarose e dos elementos nutritivos nos parâmetros de vingamento dos frutos.

#### 2.1.1 Manga

A aplicação foliar de boro a 3000 ppm na fase final de inchamento dos botões aumentou significativamente o comprimento da panícula e das flores hermafroditas na manga cv. Himsagar (Dutta, 2004).

Sanna e Abd-El-Migeed (2005) relataram que a pulverização de sacarose a 10% combinada com citrato de potássio 0,3% na manga cv. Fagri Kalan uma vez na fase de plena floração foi muito eficaz para melhorar a frutificação e a retenção de frutos.

Kumar *et al.* (2008) referiram que a aplicação foliar de ureia 2% em combinação com ZnSO4 0,5% e bórax 0,5% foram os tratamentos mais eficazes para melhorar os caracteres de floração e frutificação. Também afirmaram que o número de flores perfeitas e a retenção de frutos foram aumentados pela aplicação de bórax (0,5%) que foi aplicado na fase de plena floração da manga cv. Amrapalli.

Nehete (2009) relatou que a aplicação foliar de ZnSO4 1% + FeSO4 1% + bórax 0,5% em duas ocasiões, *ou seja*, no início da floração e no estágio de ervilha, aumentou significativamente o número de frutos por árvore da manga cv. Kesar. **2.1.2 Banana**

Ghanta e Mitra (1993) constataram que a aplicação combinada de Zn (0,3%), Cu (0,1%) e B (0,2%) apresentou a melhor resposta na floração e nos dias mínimos necessários para a floração a partir da plantação da bananeira Giant Governor. **2.1.3 Ber**

Kamble *et al.* (1994) revelaram que a aplicação foliar de 0,4% cada de FeSO4, ZnSO4, MnSO4 e 0,2% de ácido bórico na primeira semana de agosto, isoladamente ou em combinação, na baga cv. Karaka at resultou num aumento significativo de cachos de flores por rebento.

### 2.1.4 Citrinos

Ram e Bose (2000) relataram que o número máximo de frutos (429) por planta quando a Mandarina Laranja recebeu pulverização foliar de Mg (2%) + Cu (0,4%) + Zn (0,5%) no mês de maio e setembro, que foi seguido pela pulverização foliar de Mg (2%) + Cu (0,4%) + Zn (0,5%) + B (0,1%).

### 2.1.5 Lichia

Dutta *et al.* (2000) revelaram que a aplicação foliar de B (328-656 mg/litro) antes da floração como ácido bórico melhorou a frutificação (63,0 por panícula) e a sua retenção (24,08%) na maturidade da lichia cv. Bombai.

### 2.1.6 Pera

Yehia e Hassan (2005) relataram que a pulverização de sacarose a 5% e 20% na fase de plena floração da pera Leconte resultou na maior fixação de flores e frutos.

### 2.1.7 Jaca

Farid *et al.* (2007) revelaram que a aplicação no solo de boro a 15 g/árvore em jacas de 20 anos de idade cv. Local resultou em um aumento significativo das flores femininas e da proporção de flores masculinas e femininas.

### 2.1.8 Papaia:

Ghanta *et al.* (1992) relataram que a aplicação foliar combinada de micronutrientes, *ou seja,* B (0,1%), Mn (0,25%) e Cu (0,25%) em $2^{nd}$ e $3^{rd}$ meses após o transplante na papaia cv. Ranchi causou maior retenção de flores, floração mais precoce (2-10 dias) e número máximo de frutos/planta.

### 2.1.9 Sapota

Ravoof (1962) afirmou que quando ácido bórico (200, 400 e 600 ppm) foi pulverizado em frutos meio maduros de sapota Cvs.

### 2.1.10 Tamareira

Ashour *et al.* (2008) revelaram que a aplicação foliar de sacarose a 5% + grão de pólen 2g/l e sacarose 10% + grão de pólen 2g/l duas vezes, *ou seja,* a primeira logo após a abertura da espata feminina e a segunda 3 dias depois, em tamareiras cvs. Zaghloul e Samani, respetivamente, resultou num aumento significativo da percentagem de retenção de frutos.

### 2.1.11 Amêndoa

Baibourdi e Tabatabaei (2008) relataram que o máximo de frutificação e rendimento foram alcançados na amêndoa, quando a pulverização de 6% de sacarose combinada com 2% de ureia.

## 2.2 Efeito da sacarose e dos elementos nutritivos nos parâmetros de rendimento 2.2.1 Manga

Rath *et al.* (1980) pulverizaram ácido bórico a 0,8% na manga cv. Langra no período de pico da floração e observaram que o tamanho do fruto e o peso fresco aumentaram muito.

Banik *et al.* (1997) referiram que as plantas de manga cv. Fazli tratadas com zinco ao nível mais elevado (0,4%) em combinação com ferro e boro ao nível mais baixo (0,1%) produziram o número máximo de frutos e rendimento por árvore em comparação com o controlo.

Banik e Sen (1997) afirmaram que a aplicação foliar de zinco (0,1%), ferro e boro (0,4%) isoladamente e em combinação obtiveram um número máximo de frutos (46) por árvore e uma produção de frutos (27,5 kg/árvore). Mais tarde, também relataram que o peso máximo dos frutos (651,1g) também foi observado pela aplicação de ferro (0,4%) e boro (0,1%) na cv. Fazli nos meses de julho e outubro.

Dutta (2004) relatou que a aplicação foliar de ácido bórico (3000ppm) na manga cv. Himsagar na fase final do inchaço dos gomos resultou na promoção do peso do fruto, do tamanho do fruto e da polpa do fruto.

Sanna e Abd-El-Migeed (2005) relataram que a pulverização de sacarose a 10% combinada com citrato de potássio 0,3% em manga cv. Fagri Kalan uma vez a 7

A fase de plena floração foi muito eficaz para melhorar a produção de frutos (kg/árvore), o peso dos frutos (g) e aumentar o comprimento dos frutos (cm).

Nehete (2009) relatou que a aplicação foliar de ZnSO4 1% + FeSO4 1% + bórax 0,5% em duas vezes, *ou seja*, no início da floração e no estágio de ervilha causa um aumento significativo do número de frutos por árvore, peso médio dos frutos e rendimento por árvore de manga cv. Kesar.

### 2.2.2 Banana

Ghanta e Mitra (1993) referiram que os caracteres de rendimento como o número de mãos por cacho (7,50), o número de dedos por cacho (81,18), o peso do cacho (7,85 kg) e o rendimento por hectare (196,25q) eram mais elevados quando as plantas eram tratadas com a pulverização foliar de Zn (0,3%), Cu (0,1%) e B (0,2%) aos três e cinco meses após a plantação de rebentos na bananeira Giant Governor.

Suresh e Savithri (2001) observaram que a aplicação no solo de N, P, K e a pulverização foliar de nutrientes (1 % DAP + 1% MOP + 0,5% ZnSO4 + 0,5% CuSO4 + 0,2% bórax), para além da calagem ao 3º, 5º e 7º mês na bananeira cv. Nendran, provocou um aumento substancial do rendimento de cachos por hectare.

Sarma e Chakrabarty (2003) relataram maior volume de dedos (168,25cm), circunferência de dedos (13,67cm) e peso de dedos (72,33g) quando a planta foi pulverizada com 1% de bórax e o comprimento máximo de dedos (16,00cm) foi observado no tratamento de 2% K + 0,5% bórax + 10ppm 2, 4-D na abertura da última mão em banana cv. Malbhog.

Jeyabaskaran e Pandey (2008) revelaram que a aplicação no solo de FeSO4 (5g) no 3º mês após a plantação, juntamente com a aplicação foliar de ZnSO4 (0,5%) e ácido bórico (10ppm) no 3º, 5º e 7º meses após a plantação, aumentou significativamente o peso do cacho (16,3kg) na cv Karpuravalli de banana.

### 2.2.3 Papaia

Ghanta *et al.* (1992) relataram que a aplicação foliar de micronutrientes, *ou seja*, B (0,1%), Mn (0,25$_8$ %) e Cu (0,25%) aplicados em combinação no 2º e 3º meses após o transplante na mamoneira cv. Ranchi causou o número máximo de frutos/planta, tamanho do fruto, espessura da polpa e menor número de sementes/fruto.

Pant e Lavania (1997) obtiveram um maior número de frutos por planta (31,1) no tratamento de FeSO4 (0,15%) + bórax (0,15%). Enquanto que a produção máxima de frutos por planta foi obtida no tratamento de ZnSO4 (0,15%) + bórax (0,15%) na cv. Pant Papaya-1. A primeira pulverização foi efectuada 15 dias após a transplantação e a segunda pulverização foi efectuada um mês após a primeira pulverização.

Observou-se que as pulverizações foliares de Zn 0,5% + B 0,1% no 4º, 8º, 12º e 16º mês na papaia cv. Co-5 após a plantação melhoraram o número total de frutos por árvore e a produção de látex (Kavita *et al.*, 2000).

Jeyakumar *et al.* (2001) relataram que as aplicações de bórax (0,1%) em combinação com sulfato de zinco (0,5%) no 4º e 8º mês após o plantio foram associadas ao aumento do número de frutos por planta e da produção de frutos por planta de mamão cv. Co-5.

### 2.2.4 Uva

A pulverização de boro (0,4%) e ZnSO4 (0,2%) na fase de pré-floração e frutificação resultou ser melhor no aumento do rendimento (kg) /vinha e peso dos cachos (Kumar e Pathak, 1992).

Prabu e Singaram (2001) verificaram que a aplicação combinada de ZnSO4 (0,5%) e bórax (0,2%) em uvas moscatel nas fases vegetativa (20 dias após a poda) e de plena floração resultou num rendimento máximo (6,30 kg/vinha).

As pulverizações foliares de Fe 0,2%, B 0,4% e Mg 0,2% em duas fases de crescimento, *ou seja,* na pré-floração e na frutificação da uva cv. Perlette melhorou o peso médio do cacho e o rendimento/vinha (Singh *et al.*, 2002).

Bhakare *et al.* (2006) observaram que a aplicação foliar combinada de 15% de boro e 70% de zinco a 1,5 e 1,0 litros/ha, respetivamente, nas fases de floração e frutificação; a aplicação combinada de 31% de fosfato e 5,6% de óxido de cálcio a 10 litros/ha na frutificação, num intervalo de 12-24 dias após a frutificação; a aplicação de 16% de cálcio a 10 litros/ha a 7-14 dias da frutificação e a sua aplicação a $2^{nd}$ num intervalo de 10 dias podem ajudar a melhorar o rendimento das uvas sem grainha Thompson.

### 2.2.5 Lichia

A aplicação foliar de boro (0,4%) na fase de ervilha e uma segunda pulverização foi dada após 15 dias da primeira pulverização em lichia cv. Rose scented resultou num aumento do comprimento do fruto, peso do rendimento do fruto (Sarkar *et al.*, 1984).

Babu e Singh (1994) relataram que o comprimento do fruto (cm), o diâmetro do fruto (cm), o peso fresco do fruto (g), o tamanho e o peso da semente e o conteúdo da polpa do fruto aumentaram muito quando a planta de lichia cv. Calcuttia tratada com ácido bórico, sulfato de zinco e sulfato de cobre em concentrações de 0,1, 0,2 e 0,3%, respetivamente. Estas pulverizações foram administradas na pré-colheita em três alturas, *ou seja, na* diferenciação dos gomos, antes da floração e após a fase de frutificação.

Dutta *et al.* (2000) revelaram que a aplicação foliar de boro (328656 mg/litro) antes da abertura da flor resultou em melhor maturidade precoce e peso do fruto (21,90g) na lichia cv. Bombai.

O tamanho do fruto (3,14 cm) e o peso (21,90g) do fruto aumentaram muito com bórax 0,4% e ZnSO4 1,0% através de pulverização foliar (Rani e Brahmachari, 2001).

### 2.2.6 Ananás

Kar *et al.* (2002) relataram que a aplicação foliar combinada pré-colheita de Zn a 0,6% e B a 0,15% aumentou significativamente o peso dos frutos e a produção do ananás cv. Giant Kew.

### 2.2.7 Ber

A aplicação foliar de ZnSO4 a 0,4%, FeSO4 a 0,4% e ácido bórico a 0,2% quando pulverizados em agosto-setembro na baga cv. Karaka deu melhores resultados no peso e rendimento dos frutos (Kamble *et al.*, 1994).

### 2.2.8 Jaca

Farid *et al.* (2007) aplicaram boro a 15 g/árvore em uma jaqueira de 20 anos de idade cv. Local resultou em um aumento significativo de frutos normais (111/árvore), redução de frutos deformados (24%) e peso individual dos frutos (11 kg). **2.2.9 Romã**

Afria *et al.* (1999), trabalhando com romã Cv. Ganesh revelaram que a aplicação foliar de FeSO4 (0,4%) + ácido cítrico (0,04%) + ZnSO4 (0,15%) + bórax (0,2%) na fase de frutificação produz um número médio de frutos por planta (61,65), peso médio dos frutos (180,5g) e rendimento por planta (11,22kg) significativamente mais elevados.

### 2.2.10 Sapota

Saraswathy *et al.* (2004) relataram que as árvores de sapota Cv. PKM-1 pulverizadas duas vezes com bórax

(0,3%) e sulfato de zinco (0,5%) durante 50% da floração e na fase de desenvolvimento do fruto da ervilha, para além da dose recomendada de adubos orgânicos e N, P e K, registaram uma maior produção de frutos.

### 2.2.11 Citrinos

Ram e Bose (2000) referiram que a aplicação foliar combinada de Mg (2%) + Cu (0,4%) + Zn (0,5%) + Fe (0,25%) + B (0,1%) resultou num aumento do peso do fruto (105,66g) e da produção (51,43kg/árvore) de tangerina nos meses de maio e setembro.

A aplicação combinada de micronutrientes Cu (0,4%) + Zn (0,5%) + B (0,1%) na tangerina no mês de maio e setembro faz aumentar significativamente o número de frutos por planta (530,75), o peso total dos frutos por planta (53,96kg) e o diâmetro dos frutos (5,43cm) (Haque *et al.*, 2000).

### 2.2.12 Goiaba

Pandey *et al.* (1988) revelaram que o tamanho dos frutos em termos de comprimento (6,21cm) e diâmetro (5,68cm) na goiaba quando a pulverização foliar de ureia (2%) + $ZnSO_4$ (0,4%) + Ethrel (250ppm) + NAA (10ppm) enquanto que o aumento do rendimento (69,45kg/árvore) pela pulverização foliar de bórax (0,2%) + ethrel (250ppm) + NAA (10ppm) dado na 3ª semana após a fase de frutificação na cv.

Sardar. No entanto, o $K_2SO_4$ (1%) e o bórax (0,2%) revelaram-se igualmente bons para aumentar o tamanho dos frutos.

Balkrishnan (2000) aplicou Zn a 0,25% + Fe a 0,25% + Mg a 0,25% + bórax a 0,1% em 15$^{th}$ fevereiro e 15$^{th}$ abril (para a primeira colheita) e em 15$^{th}$ setembro e 15$^{th}$ novembro (para a segunda colheita) resultou num aumento da produção de frutos (70,15 kg/árvore) de goiaba cv. Lucknow-49.

### 2.2.13 Tamareira

Ashour *et al.* (2008) revelaram que a aplicação foliar de sacarose a 20% + grão de pólen 2g/l em tamareira cv. Zaghloul duas vezes, *ou seja,* a primeira logo após a abertura da espata feminina e a segunda 3 dias depois, resultou num aumento significativo do peso do cacho (17,9 kg), da produção (122 kg/árvore) e do peso do fruto (28,1g). Além disso, relataram que a aplicação foliar de sacarose a 5% + grão de pólen 2g/l na tamareira aumentou significativamente o diâmetro do fruto, enquanto aumentou o peso do cacho (19,1 kg), o rendimento (136,7 kg/árvore) e o peso do fruto (30,5g) pela aplicação de grão de pólen 2g/l + sacarose 20% duas vezes, *ou seja,* a primeira logo após a abertura da espata feminina e a segunda foi realizada 3 dias depois na cv. Samani.

## 2.3 Efeito da sacarose e dos elementos nutritivos nos parâmetros de qualidade dos frutos

### 2.3.1 Manga

Rath *et al.* (1980) pulverizaram ácido bórico a 0,8% na manga cv. Langra no período de pico da floração e observaram um aumento do teor de açúcar total (13..64%), ácido ascórbico (43.86mg/100g polpa), TSS (15.48 %) e uma diminuição da acidez (0.96%) da polpa do fruto.

Banik *et al.* (1997) efectuaram uma experiência para avaliar a qualidade da manga cv. Fazli sob a influência de três níveis de zinco no nível mais alto (0,4%) em combinação com ferro e boro no nível mais baixo (1%) resultou num aumento do comprimento do fruto (16,76cm), largura do fruto (10,33cm), TSS ($18,2^0$ Brix) e açúcar total (14,21%).

Singh e Maurya (2003) relataram que a pulverização foliar de micronutrientes, *ou seja,* a combinação de sulfato ferroso (0,4%), sulfato de zinco (0,3%) e ácido bórico (0,3%) resultou em maior teor de sólidos solúveis totais ($17,90^0$ Brix), teor de ácido ascórbico (55,36mg/100g de polpa) e diminuição do teor de acidez (0,56 %) na manga Mallika.

Nehete (2009) relatou que a aplicação foliar de ZnSO4 1% + FeSO4 1% + bórax 0,5% em duas vezes, *ou seja,* no início da floração e no estágio de ervilha, causa diminuição da acidez (0,31%) e aumento do açúcar total (16,67%), açúcar não redutor (10,73%), TSS ($19,30^0$ Brix) e açúcar redutor (6,03%) em manga cv. Kesar.

### 2.3.2 Banana

A relação polpa: casca e a qualidade do fruto em termos de SST, açúcar total, açúcar redutor, relação açúcar/ácido e teor de ácido ascórbico foram mais elevados na bananeira cv. Giant Governor com aplicação foliar de 0,3% Zn+ 0,1% Cu+ 0,2% B a $3^{rd}$ e $5^{th}$ meses após a plantação (Ghanta e Mitra, 1993).

Suresh e Savithri (2001) constataram que a aplicação no solo da dose recomendada de N, P, K e a pulverização foliar de nutrientes (1% DAP + 1% MOP +0,05% ZnSO4 + 0,2% CuSO4 + 0,2% bórax), para além da calagem a $3^{rd}$ , $5^{th}$ e $7^{th}$ meses em bananeiras Nendran, provocou um aumento do TSS (22,1%), do rácio açúcar/ácido (89,4) e uma diminuição da acidez titulável (0,21%).

Jeyabaskaran e Pandey (2008), ao trabalharem com banana cv. Karpuravalli, revelaram que a aplicação de FeSO4 (5g/planta) no solo 3 meses após o plantio, juntamente com a aplicação foliar de ZnSO4 (0,5%) e ácido bórico (10ppm) $3^{rd}$ , $5^{th}$ e $7^{th}$ meses após o plantio, aumentou significativamente o SST (30,4°Brix).

### 2.3.3 Goiaba

Singh *et al.* (1983) relataram que o ácido ascórbico mais elevado (204,35mg/100g de polpa de fruta), TSS ($19,39^0$ Brix), açúcar redutor (4,48%) e açúcar total (8,21%) foram registados nos frutos tratados com ácido bórico (0,3%) e ureia (3%) em goiaba cv. Lucknow-49 a $1^{st}$ de outubro e as duas pulverizações subsequentes foram feitas com 15 dias de intervalo.

Singh e Chhonkar (1984) referiram que a goiabeira cv. Allahabad Safeda, com cerca de 15 anos de idade, foi pulverizada com boro a uma taxa de 0,2% em duas épocas, *nomeadamente* ambe bahar (floração de fevereiro-março) e mrig bahar (floração de julho-agosto), obtiveram maior teor de sólidos solúveis totais (14%), açúcares não redutores (2,24%), açúcares redutores (4,95%), ácido ascórbico (231,20mg/100g de polpa), teor de proteínas (0,64) e acidez reduzida (0,43%).

Pandey *et al.* (1988) observaram que o peso máximo dos frutos (92,70g), a produção de frutos (69,45kg/árvore) e o teor de ácido ascórbico (175,95 mg/100g de polpa) foram obtidos com a aplicação de bórax (0,2%) + ethrel (250ppm) +NAA (10ppm) em três pulverizações, *ou seja,* a primeira antes da floração, a segunda na frutificação e a terceira três semanas após a frutificação em frutos de goiaba.

Balkrishnan (2000) referiu que Zn a 0,25% + Fe a 0,25% + Mg a 0,25% + bórax a 0,1% em $15^{th}$ fevereiro e $15^{th}$ abril (para a primeira colheita) e em $15^{th}$ setembro e $15^{th}$ novembro (para a segunda colheita) resultou num aumento dos sólidos solúveis totais ($14.15^0$ Brix), açúcares totais (10,28%), teor de vitamina C (ácido ascórbico) (160,08 mg/100g) e diminuição da acidez (0,56%) na goiaba cv. Lucknow-49.

Bhatia *et al.* (2001) observaram que a qualidade dos frutos, o SST e o teor de açúcar total eram máximos na goiaba cv. Lucknow-49 da estação de inverno, melhorados por pulverizações duplas de ácido bórico (0,5%) quando os frutos tinham o tamanho de uma noz e segundas pulverizações após $15^{th}$ dias.

### 2.3.4 Papaia

Pant e Lavania (1989) referiram que a pulverização foliar de bórax a 0,15% nas plantas de papaia cv. CO-1 aos 15 dias após o transplante e as pulverizações subsequentes a intervalos mensais até à colheita aumentaram os SST (13,3%), o açúcar total (12,5%), a relação açúcar/ácido (49,2) e diminuíram o teor de acidez (0,25%).

Ghanta *et al.* (1992) relataram que a aplicação foliar de micronutrientes, *ou seja,* B (0,1%), Mn (0,25%) e Cu (0,25%) em combinação a $2^{nd}$ e $3^{rd}$ meses após o transplante na planta de papaia cv. Ranchi resultou em maior crescimento da planta, peso e tamanho individual dos frutos, TSS ($13,86^0$ Brix), açúcar total (6,57%), açúcar redutor (7,01%), ácido ascórbico (47,14mg/100g de polpa) e relação açúcar : ácido (43,68) dos frutos.

Kavita *et al.* (2000) afirmaram que a pulverização foliar de zinco 0,5% + boro 0,1% em $4^{th}$ , $8^{th}$ , $12^{th}$ e $16^{th}$ meses após o plantio melhorou as caraterísticas de qualidade, *ou seja,* açúcares totais (6,412%), açúcares não redutores (1,404%) e ácido ascórbico (46,87mg/100g de polpa) de mamão cv. CO-5.

Jeyakumar *et al.* (2001) relataram que as aplicações de bórax (0,1%) em combinação com sulfato de zinco (0,5%) em $4^{th}$ e $8^{th}$ meses após o plantio foram associadas ao aumento do teor de sólidos solúveis totais e de ácido ascórbico da papaia cv. Co-5.

Singh *et al.* (2010) revelaram que a aplicação foliar de bórax a 0,50% + ZnSO4 a 0,25% recodificou o teor mais elevado de sólidos solúveis totais, açúcar total, açúcar redutor e ácido ascórbico com a acidez titulável mais baixa.

### 2.3.5 Lichia

Mishra e Khan (1981) relataram que a acidez mínima (0,328%) em litchi cv. Rose Scented, quando da aplicação foliar de ácido bórico (0,2%) na fase de endurecimento do caroço no mês de abril.

A aplicação foliar de boro (0,4%) no estágio de ervilha e uma segunda pulverização foi dada após 15 dias da primeira pulverização em lichia cv. Rose scented resultou num aumento do comprimento (3,56 cm) e do diâmetro do fruto (2,64 cm), açúcares totais (12,50%) e TSS (20,20%) (Sarkar *et al.,* 1984).

Dutta *et al.* (2000) revelaram que a aplicação foliar de B (328-656 mg/litro) antes da floração, em termos de ácido bórico, aumenta significativamente o TSS ($19,6^0$ Brix), reduzindo o açúcar (14,2%), o açúcar total (18,1%) e diminuindo a acidez (0,608%) na lichia cv. Bombai.

### 2.3.6 Uva

Kumar e Bhushan (1980) referiram que o TSS (22,10%) e a percentagem de sumo (64,50) aumentaram significativamente e reduziram a acidez titulável (0,6%) quando a videira cv. Thompson Seedless tratada com Zn, Mn e B (0,4%, 0,2% e 0,2%) isoladamente e em combinação em três momentos, ou *seja,* antes da floração, após a frutificação e antes da maturação.

A pulverização foliar de ZnSO4 (0,2, 0,4 e 0,6%), FeSO4 (0,2, 0,4 e 0,6%) e boro (0,5 e 0,75%) na fase de plena floração resultou numa melhoria do SST das bagas de uva cv. Beauty Seedless (Daulta *et al.,* 1983).

Ravel e Leela (1975) observaram que a aplicação foliar de ureia 0,5% em combinação com boro 0,2% numa videira cv. Bangalor Blue, administrada quatro vezes em intervalos semanais a partir da fase de pré-floração, provocou uma diminuição da acidez e aumentou o T.S.S. (19,6$^0$ Brix), o açúcar total (13,82%) e o açúcar redutor (11,86%).

Prabu e Singaram (2001) relataram que a aplicação de ZnSO4 0,5 por cento + bórax 0,2 % através da folhagem em uva cv. Muscat na fase vegetativa (20 dias após a poda) e na fase de plena floração faz aumentar o SST, o açúcar redutor, o açúcar não redutor, o açúcar total e o rácio açúcar-ácido e reduz a acidez.

Singh *et al.* (2002) observaram que a pulverização foliar de B 0,4% e Zn 0,4%, juntamente com Ureia 0,8%, foi a mais eficaz, aumentando o TSS e diminuindo a acidez titulável. Afirmaram também que o teor de açúcar total, sumo e tanino aumentaram com a aplicação de Mg (0,02%), Fe (0,2%) e B (0,4%), que foi aplicada em duas fases, *isto é,* na pré-floração e na fase de frutificação da uva cv. Perlette.

### 2.3.7 Lichia

A pulverização de ZnSO4 1,0% e bórax 0,4% aumentou o peso da polpa, a relação polpa/casca, o SST e a relação açúcar/ácido e diminuiu significativamente a acidez na lichia cv. Rose scented. (Rani e Brahmachari, 2001).

### 2.3.8 Citrinos

Rai *et al.* (1988) relataram que a aplicação foliar de bórax a 0,6% na laranja mandarim (*Citrus reticulata* Blanco) aumentou o TSS (10,83$^0$ Brix), o açúcar total (4,24%), o açúcar redutor (2,87%) e o desenvolvimento da cor (93,33%) quando foi aplicado no mês de maio e também relatou que, juntamente com Zn e Cu (0,6%) como tratamentos combinados, aumentou a qualidade da fruta como a relação açúcar-ácido e o teor de ácido ascórbico.

### 2.3.9 Ananás

Shrivastav (1970) relatou que a aplicação foliar de boro a 1 ppm resultou no aumento dos açúcares redutores (5,6%), açúcares totais (11,5%), ácido ascórbico (23,6mg/100 polpa), relação açúcar/ácido (12,4) e redução da acidez titulável (0,93%). Enquanto que a aplicação de boro a 2 ppm resultou num aumento da acidez não redutora (6,1%) e do TSS (13,2$^0$ Brix) no ananás cv. Giant Kew, quando aplicado em meia dose 90$^{th}$ dias após o plantio e a outra meia dose 150 dias depois.

Kar *et al.* (2002) observaram que a aplicação combinada pré-colheita de (Zn 0,6% + B 0,15%) no ananás cv. Giant Kew aumentou significativamente o TSS, açúcar redutor, açúcar não redutor, açúcar total e teor de ácido ascórbico. **2.3.10. Ber**

A aplicação foliar de sulfato ferroso e bórax @ 0,6% com combinação deu maior TSS, ácido ascórbico, açúcares não redutores, bem como totais e menor acidez titulável sobre outros tratamentos e controlo (Meena *et al.*, 2006).

### 2.3.11 Sapota

Saraswathy *et al.* (2004) relataram que as árvores de sapota pulverizadas duas vezes com bórax (0,3%) e sulfato de zinco (0,5%) durante 50 % da floração e a fase de desenvolvimento da ervilha do fruto, além da dose recomendada de adubos orgânicos e N, P e K registaram o máximo de TSS (23,25$^0$ Brix), açúcares totais (11,80%), açúcares redutores (9,14%) e ácido ascórbico (3,65 mg/100g polpa).

Ghumre (2009) relatou que a aplicação foliar combinada de micronutrientes (FeSO4 1% + ZnSO4 1% + Bórax 0,5%) duas vezes, *ou seja,* 15$^{th}$ fevereiro e 15$^{th}$ março, resultou num aumento da qualidade dos frutos em termos de SST, açúcares totais e açúcares redutores, bem como ácido ascórbico, em comparação com outros tratamentos e controlo na sapota cv. Kalipatti.

### 2.3.12 Tamareira

Ashour *et al.* (2008) observaram que a aplicação foliar de sacarose a 20% + grão de pólen 2g/l em tamareira cv. Zaghloul duas vezes, *ou seja,* a primeira logo após a abertura da espata feminina e a segunda 3 dias depois, resultou num aumento do açúcar redutor (68,9%) e do açúcar total (76,30%). Observaram também que a sacarose a 10% + grão de pólen 2g/l resultou num aumento dos sólidos solúveis totais (25,1%). Também trabalharam com tamareira cv. Samani e relataram que o grão de pólen 2g/l + sacarose 20% foi considerado melhor para aumentar o SST (22,8$^0$ Brix) e o açúcar total (79,06%) com o mesmo tempo de aplicação.

## 2.4 Efeito da sacarose e dos elementos nutritivos no rendimento económico parâmetro.

### 2.4.1 Goiaba

Pandey *et al.* (1988) relataram que a relação benefício/custo máxima observada (43,46: 1) quando a planta recebeu aplicação foliar de bórax (0,2%) na floração, frutificação e 3 semanas após a frutificação na goiaba cv. Sardar.

# III. MATERIAIS E MÉTODOS

**O presente estudo "Efeito da sacarose e dos elementos nutritivos na frutificação da manga, cv. Kesar" foi realizado na** Estação Experimental Agrícola, Universidade Agrícola de Navsari, Paria, Ta-Pardi, em 2010. Durante o curso da investigação, os materiais utilizados e as técnicas foram descritos neste capítulo.

## 111.1 Geral

### 111.1.1 Sítio experimental

A experiência foi conduzida na Estação Experimental Agrícola, Universidade Agrícola de Navsari, Paria, Taluka - Pardi, Distrito - Valsad, durante janeiro de 2010 a maio de 2010. Paria está situada no distrito de Valsad, no estado de Gujarat, a uma altitude de 16,10 metros acima do nível médio do mar. O **local situa-se a 22° 35' N de latitude e 72° 35' E de longitude. Fica a cerca de 10 quilómetros** da costa marítima.

O trabalho de laboratório foi efectuado no Departamento de Química, ASPEE College of Horticulture and Forestry, Navsari Agricultural University, Navsari.

### 111.1.2 Solo

O solo da estação de investigação varia entre o preto médio e o argiloso, com uma profundidade de 1,5 **a** 2 metros, bem drenado, fértil e adequado para a fruticultura e outras culturas hortícolas.

O solo da estação experimental de investigação é profundo, de cor castanha escura e formado pela aluvião basáltica. Ele racha verticalmente até a profundidade de 100 -120 cm. durante a estação seca.

### 111.1.3 Clima e tempo

Esta estação de investigação situa-se na zona de chuvas fortes do estado de Gujarat. A monção do sudoeste começa na segunda semana de junho e prolonga-se até à primeira semana de outubro.

O clima desta zona é tipicamente tropical, caracterizado por um verão bastante quente e húmido, monções quentes com mais humidade e um inverno moderadamente frio. A humidade relativa varia entre 70 por cento. A precipitação média anual desta região é de 1500-2000 mm em 50-60 dias de chuva. julho e agosto são meses de grande precipitação.

A estação do inverno começa normalmente no final de outubro. A temperatura começa a descer no início de novembro e continua até meados de fevereiro. A temperatura torna-se mais baixa nos meses de dezembro e janeiro. As geadas são raras nesta região. O verão começa em meados de fevereiro e prolonga-se até às primeiras quinzenas de junho. abril e maio são os meses mais quentes do ano. A temperatura média varia entre 20,5°C e 38,5°C, enquanto a temperatura mínima varia entre 6,5°C e 26,5°C.

Os pormenores das observações meteorológicas registadas durante o curso da investigação no observatório meteorológico da Estação Experimental Agrícola, N. A. U., Paria, são apresentados no Apêndice - I.

## 111.2 Material experimental

Foram selecionadas para a experiência mangueiras com dez anos de idade da cultivar Kesar, que é a cultivar comercial mais importante de Gujarat. As árvores Kesar são de tamanho médio a grande, arredondadas, com galhos moderadamente espalhados.

As árvores experimentais foram geridas com práticas culturais melhoradas de acordo com as recomendações no que diz respeito a adubos e fertilizantes, irrigação, medidas de proteção das plantas, etc.

### 111.3 Detalhes experimentais

Os pormenores das técnicas experimentais utilizadas para o presente inquérito são descritos a seguir.

**Localização** : Lote nº:- 2

Estação Experimental Agrícola,
Universidade Agrícola de Navsari, Paria

**Cultura e variedade** : Mangocv . Kesar

**Ano** : 2010

**Projeto** : R.B.D. (RandomizedBlockDesign )

**Número de árvores por tratamento**: 1 árvore

**Número total de árvores** : 30

**N.º total de tratamentos** : 10

**T1 :** Sacarose 5 %

**T2 :** Sacarose 10 %

**T3 :** Sacarose 5 % + Citrato de potássio 0,2 %

**T4 :** Sacarose 5 % + Citrato de potássio 0,3 %

**T5 :** Sacarose 5 % + Ácido bórico 0,5 %

**T6 :** Sacarose 10 % + Citrato de potássio 0,2 %

**T7 :** Sacarose 10 % + Citrato de potássio 0,3 %

**T8 :** Sacarose 10 % + Ácido bórico 0,5 %

**T9 :** Controlo (apenas pulverização de água)

**T10:** Controlo (sem pulverização de água)

**Réplicas** : 3

**Espaçamento** :10 x 10 m

**Hora da aplicação** : Na fase de plena floração.

**Número de pulverizações** Uma pulverização

### 3.4 Preparação da solução

### 3.4.1 Sacarose

Pesaram-se cinquenta gramas e 100g de pó de sacarose e dissolveram-se em água e depois fez-se o volume final de 1 litro para uma solução de 5% de sacarose e 10% de sacarose, respetivamente. A quantidade total de solução foi calculada por árvore para pulverização.

### 1.1.2 Ácido bórico

Foram pesados cinco gramas de ácido bórico em pó e dissolvidos em água, sendo depois completado o volume final de 1 litro para obter uma solução de ácido bórico a 0,5%.

### 1.1.3 Citrato de potássio

Dois gramas e 3g de citrato de potássio em pó foram pesados e dissolvidos em água e, em seguida, o volume final de 1 litro foi feito para solução de citrato de potássio a 0,2% e 0,3%, respetivamente.

### 1.1.4 Aplicação combinada de sacarose e citrato de potássio

Foram pesados 50 g e 100 g de sacarose, enquanto 2 e 3 g de citrato de potássio em pó foram dissolvidos em água individualmente e, em seguida, o volume final de 1 litro foi completado com água de acordo com o tratamento.

### 1.1.5 Aplicação combinada de sacarose e ácido bórico

Foram pesados 50 g e 100 g de sacarose e 5 g de ácido bórico em pó, que foram dissolvidos em água individualmente e, em seguida, o volume final de 1 litro foi completado com água de acordo com o tratamento.

## 3.5 Método de pulverização

A pulverização foliar da solução química preparada foi feita com um pulverizador de pé numa mangueira de forma a que toda a árvore ficasse molhada. A mangueira necessitou de 10 litros de água por árvore.

## 3.6 Observações a registar

Os métodos pormenorizados aplicados para várias observações, como a frutificação, o rendimento e a qualidade, são apresentados a seguir, com os respectivos cabeçalhos.

### 3.6.1 Conjunto de frutos/Panícula

Os frutos retidos por panícula foram registados e calculados em percentagem.

#### 3.6.1.1 Frutificação no estádio de ervilha

Dez panículas de cada direção foram marcadas aleatoriamente para contar a frutificação no tamanho de ervilha por panícula e os valores médios foram calculados para registar o número de frutificação por panícula.

#### 3.6.1.2 Conjunto de frutos no estado de mármore

As panículas que foram marcadas para registar a frutificação no tamanho de ervilha, o número de frutos foi subsequentemente contado na fase de mármore e os seus valores médios foram calculados.

#### 3.6.1.3 Retenção de frutos na colheita

O número de frutos retidos em cada panícula etiquetada foi registado na maturidade do fruto. A percentagem de retenção de frutos foi calculada a partir do número de frutos retidos por panícula.

## 3.7 Atributos de rendimento

### 3.7.1 Número de frutos por árvore

O número de frutos por árvore foi contado por tratamento aquando da colheita. O resultado foi expresso em número de frutos por árvore.

### 3.7.2 Produção de frutos (kg/árvore)

Para registar o rendimento, o produto total por árvore foi pesado e anotou-se o rendimento de frutos por tratamento na colheita. Estes resultados foram expressos em quilogramas por árvore.

### 3.7.3 Peso do fruto (g)

Entre os frutos colhidos, foram selecionados aleatoriamente cinco frutos de cada tratamento e foi calculado o valor médio do peso dos frutos (g).

### 3.7.4 Diâmetro do fruto (cm)

Entre os frutos colhidos, foram selecionados aleatoriamente cinco frutos de cada tratamento. Os frutos selecionados foram medidos com a ajuda de um compasso de Vernier e depois calculou-se o valor médio.

## 3.8 Parâmetros de qualidade

A colheita dos frutos foi feita com base nos índices de maturidade e 20 frutos foram selecionados aleatoriamente para a estimativa da qualidade.

### 3.8.1 Polpa: Rácio de casca

O rácio polpa/casca foi calculado dividindo o respetivo peso da polpa pelo respetivo peso da casca num determinado momento da maturação e registado.

### 3.8.2 Sólidos solúveis totais ($^0$ Brix)

Os sólidos solúveis totais dos frutos de manga foram registados com a ajuda de refractómetros digitais de bolso (variando de 0-32$^0$ Brix). Em cada tratamento, foram efectuadas três leituras e a sua média foi considerada.

### 3.8.3 Acidez (%)

O método descrito por Ranganna (1980) foi adotado para a estimativa da acidez titulável. Para obter a acidez (por cento), 10 g de polpa homogeneizada foram colocados num balão volumétrico de 100 ml e o volume foi completado com água destilada. A suspensão foi filtrada em papel de filtro Whatman n.º 1. Tomaram-se 10 ml do filtrado e titulou-se com NaOH 0,1 N. A fenolftaleína foi utilizada como indicador. O aparecimento de uma cor incolor a rosa indica o ponto final. Anotou-se a leitura da bureta. A percentagem de acidez foi calculada utilizando a seguinte fórmula

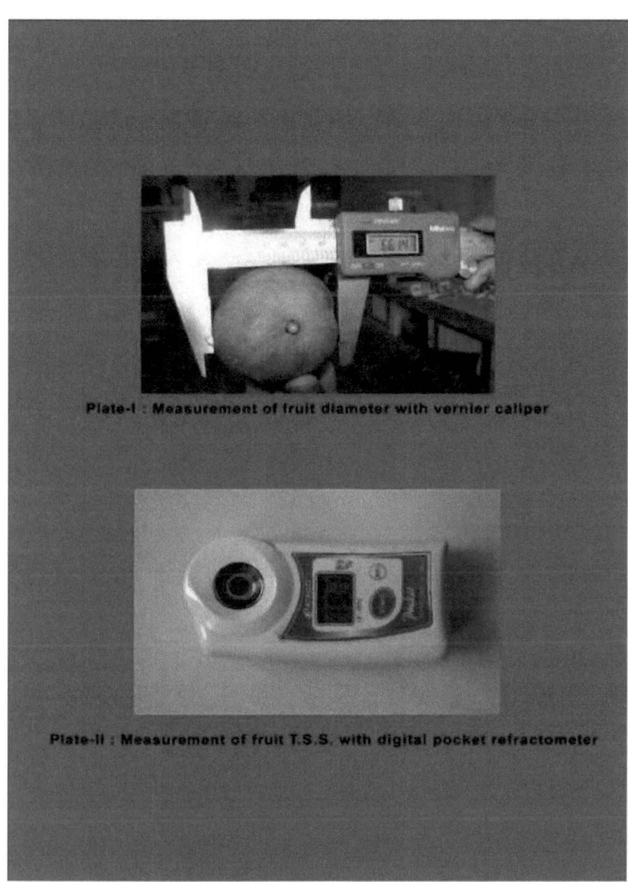

Plate-I : Measurement of fruit diameter with vernier caliper

Plate-II : Measurement of fruit T.S.S. with digital pocket refractometer

$$\text{Titrable acidity (\%)} = \frac{\text{Titre value} \times \text{Normality of alkali} \times \text{Total volume made up} \times \text{Equivalent weight of citric acid}}{\text{Aliquot taken for estimation} \times \text{Weight of sample} \times 1000} \times 100$$

### 3.8.4 Açúcar redutor (%)

O método titrimétrico de Lane e Eynon descrito por Ranganna (1980) foi adotado para a estimativa do açúcar redutor.

### 3.8.5 Reduzir o açúcar

**Princípio do método**

**O açúcar invertido ou redutor reduz o cobre presente na** solução **de Fehling** a óxido cuproso vermelho insolúvel. O teor de açúcar na amostra foi estimado determinando o volume de solução de açúcar desconhecido necessário para **reduzir** completamente **um volume medido de solução de Fehling.**

**Reagente utilizado**

**Solução de Fehling A (Polifarmacêutica)**

**Solução de Fehling B** (Polifarmacêutica)

Acetato de chumbo (45 %) (Polifarmacêutico)

Azul de metileno (1%) (Polifarmacêutico)

**Previamente, a mistura da solução de Fehling A e B (5 ml de A e 5 ml de B)** foi padronizada em relação à glucose padrão para obter o equivalente de glucose e chegar ao fator de conversão.

**Procedimento**

Introduziram-se 25 g de polpa homogeneizada num balão volumétrico de 250 ml e adicionaram-se dois mililitros de solução básica de acetato de chumbo a 45% para clarificação. Após 10 minutos, a solução foi retardada pela adição de cristais de oxalato de potássio em excesso e o volume foi completado até uma quantidade conhecida com água destilada e filtrado com papel de filtro Whatman n.º 1.

O filtrado foi recolhido numa bureta e titulado contra a **mistura de Fehling** em ebulição **(5 ml da solução de Fehling A + 5 ml da solução de Fehling B)** até a cor azul desaparecer. Em seguida, adicionou-se 1 ml de indicador azul de metileno (1%) e prosseguiu-se a titulação até o conteúdo atingir uma cor vermelho-tijolo e anotou-se o valor do título. A percentagem de açúcares redutores foi calculada de acordo com a seguinte fórmula

$$\text{Reducing sugar (\%)} = \frac{\text{Glucose equivalent (0.052) x Total volume made up}}{\text{Titre Value x Weight of sample}} \text{ X 100}$$

### 3.8.6 Açúcar não redutor (%)

O açúcar não redutor é calculado pela seguinte fórmula:

Açúcar não redutor (%) = Açúcares totais (%) - Açúcar redutor (%)

### 3.8.7 Açúcares totais (%)

Para a dosagem dos açúcares totais, utilizou-se o filtrado obtido na dosagem acima referida. Tomou-se uma alíquota do filtrado e, a um quinto do seu volume, adicionou-se ácido clorídrico (1:1) e procedeu-se à inversão à temperatura ambiente durante 24 horas. Posteriormente, o conteúdo foi arrefecido e neutralizado com hidróxido de sódio a 40%, utilizando fenolftaleína como indicador, e o volume final foi determinado.

A solução foi filtrada em papel de filtro Whatman n.º 1 e a titulação foi efectuada com o filtrado, como indicado para os açúcares redutores. O teor de açúcares totais foi expresso em percentagem de açúcares invertidos, de acordo com a fórmula.

$$\text{Total sugars (\%)} = \frac{\text{Glucose equivalent (0.052)} \times \text{Total volume made up} \times \text{Volume made up after inversion}}{\text{Titre Value} \times \text{Weight of sample} \times \text{Aliquot taken for inversion}} \times 100$$

### 3.8.8 Ácido ascórbico (mg/100 g de polpa)

O método titulométrico descrito por Ranganna (1980) foi adotado para a estimativa do ácido ascórbico.

**Procedimento**

Tomou-se 10 g de polpa homogeneizada e transferiu-se para um balão volumétrico de 100 ml. O volume foi completado com uma solução de ácido oxálico a 4%. Após 30 minutos, a suspensão foi filtrada com papel de filtro Whatman n.º 1. Antes da titulação propriamente dita, o 2,6-diclorofenol indofenóis (solução corante) foi padronizado por titulação contra uma solução padrão de ácido ascórbico e o fator corante foi calculado. Foram retirados cinco ml da alíquota do filtrado e titulados contra a solução de corante padronizada através de uma bureta. A titulação foi continuada até que a cor rosa claro persistisse durante 15 segundos.

O teor de ácido ascórbico foi calculado com base na seguinte **fórmula**

$$\text{Ascorbic aci (mg / 100 g)} = \frac{\text{Titre x Dye factor x Total volume made up X100}}{\text{Aliquot of extract taken for estimation x Weight of sample}}$$

### 3.8.9 Perda de peso fisiológica (%)

Cinco frutos de cada tratamento foram marcados aleatoriamente para estudar a perda fisiológica de peso. Esta foi calculada da seguinte forma e expressa em percentagem

$$\text{Physiological loss in weight (\%)} = \frac{\text{Original weight of sample} - \text{Final weight}}{\text{Original weight}} \times 100$$

### 3.8.10 Prazo de validade (dias)

O tempo de conservação dos frutos foi anotado mantendo os frutos à temperatura ambiente e anotando os dias decorridos desde a colheita até à fase de consumo ideal.

### 3.8.11 Frutos comercializáveis (%)

O número de frutos visíveis e saudáveis que poderiam ser comercializados foi contado a três dias de intervalo e expresso em percentagem.

### 3.9 Incidência de pragas e doenças

A gestão adequada das pragas e doenças é crucial para uma boa colheita. As pragas e as doenças foram controladas com êxito sempre que necessário. Para o controlo de insectos, pragas e doenças, foram tomadas periodicamente medidas de proteção das plantas. Não se registou uma incidência muito grave de pragas e doenças durante a estação de crescimento.

### 3.10 Economia

O custo dos diferentes tratamentos foi calculado tendo em conta os preços da mão de obra utilizada nos tratamentos, o custo dos tratamentos e o custo do cultivo.

O rendimento bruto em termos de rupias por hectare foi calculado com base no rendimento médio de cada tratamento e no preço de mercado dos frutos de manga.

O rendimento líquido foi calculado deduzindo o custo de cultivo e o custo necessário para os diferentes tratamentos do rendimento bruto por hectare para o respetivo tratamento e registado em conformidade.

$$\text{Benefit Cost Ratio (BCR)} = \frac{\text{Net Income}}{\text{Cost of Cultivation}}$$

### 3.11 Análise estatística

Os dados experimentais recolhidos foram analisados estatisticamente de acordo com o procedimento do projeto de blocos aleatórios (RBD) (Panse e Sukhatme, 1967). As médias dos tratamentos foram comparadas por meio da significância da diferença testada pelo teste (F) a um nível de probabilidade de 5% e depois analisadas estatisticamente no Departamento de Estatística Agrícola, N.M. College of Agriculture, Navsari.

# IV. RESULTADOS EXPERIMENTAIS

**A presente investigação sobre o "Efeito da sacarose e dos elementos nutritivos na frutificação da manga cv. Kesar" foi realizado** durante maio de 2010 na Estação Experimental Agrícola, Universidade Agrícola de Navsari, Paria, Taluka - Pardi, Distrito - Valsad. Os resultados obtidos são apresentados neste capítulo em diferentes rubricas. Os dados relativos à frutificação, retenção de frutos, rendimento e qualidade foram tabulados juntamente com inferências estatísticas e gráficos, sempre que necessário, são apresentados neste capítulo.

## 4.1 Conjunto de frutos

### 4.1.1 Frutificação no estádio de ervilha

Os dados relativos à frutificação no estádio de ervilha por panícula foram afectados pela aplicação foliar de sacarose e por alguns tratamentos com elementos nutritivos na manga cv. Kesar são apresentados na Tabela 4.1 e representados graficamente na Fig. 1.

Os dados presentes na Tabela 4.1 indicam que houve diferença significativa nos vários tratamentos químicos com relação ao pegamento de frutos no estágio de ervilha da manga Kesar. A frutificação mais elevada no estádio de ervilha (19,93) foi registada no tratamento T8 (sacarose 10 % + ácido bórico 0,5 %). O segundo melhor tratamento foi (sacarose 5 % + ácido bórico 0,5 %) T5, que foi igual a T7 (16,43) e T6 (16,30). O valor mais baixo de frutificação na fase de ervilha foi registado com o tratamento T10 (12,39) Controlo (sem pulverização de água), que foi estatisticamente na mesma barra com T9 (12,56), T1 (12,93), T2 (13,03), T3 (13,70) e T4 (13,93).

### 4.1.2 Frutos no estado de mármore

Os dados relativos à frutificação na fase de ervilha por panícula de manga foram influenciados por diferentes aplicações químicas na manga cv. Kesar são apresentados na Tabela 4.2 e representados graficamente na Fig. 2.

Os dados apresentados no quadro 4.2 revelam que a frutificação no estádio de mármore foi significativamente influenciada por vários tratamentos químicos na manga Kesar.

**Tabela: - 4.1: Influência da sacarose e dos elementos nutritivos no número de frutos no estádio de ervilha da manga cv. Kesar**

| Tratamentos | Frutificação no estádio de ervilha |
|---|---|
| $T_1$ : Sacarose 5 % | 12.93 |
| $T_2$ : Sacarose 10 % | 13.03 |
| $T_3$ : Sacarose 5 % + Citrato de potássio 0,2 % | 13.70 |
| $T_4$ : Sacarose 5 % + Citrato de potássio 0,3 % | 13.93 |

| | |
|---|---|
| $T_5$ : Sacarose 5 % + Ácido bórico 0,5 % | 16.63 |
| $T_6$ : Sacarose 10 % + Citrato de potássio 0,2 % | 16.30 |
| $T_7$ : Sacarose 10 % + Citrato de potássio 0,3 % | 16.43 |
| $T_8$ : Sacarose 10 % + Ácido bórico 0,5 % | 19.93 |
| $T_9$ : Controlo (pulverização de água) | 12.56 |
| $T_{10}$ : Controlo (sem pulverização de água) | 12.39 |
| S. Em. + | 0.85 |
| C D a 5 % | 2.52 |
| C.V. % | 9.96 |

**Fig:- 4.1: Influência da sacarose e dos elementos nutritivos no número de frutos no estádio de ervilha da manga cv. Kesar.**

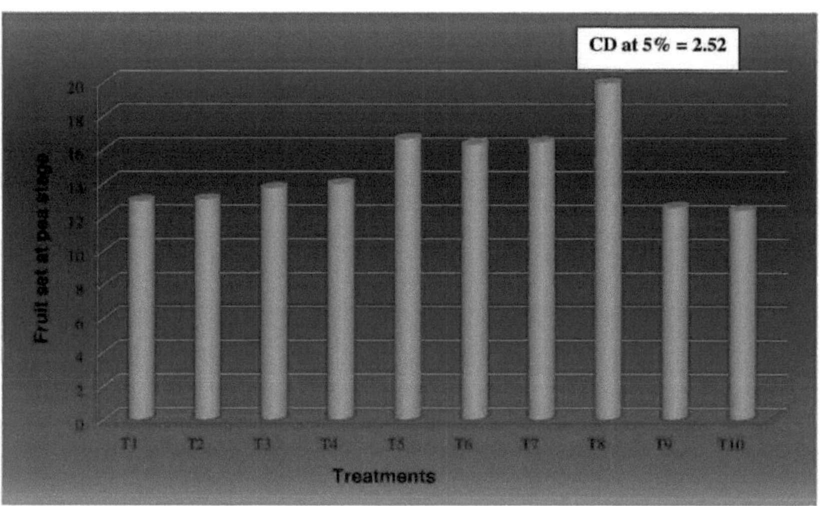


**Tabela: -4. 2: Influência da sacarose e dos elementos nutritivos no número de frutos no estádio de mármore da manga cv. Kesar**

| Tratamentos | Frutos no estado de mármore |
|---|---|
| $T_1$ : Sacarose 5 % | 5.37 |
| $T_2$ : Sacarose 10 % | 5.43 |
| $T_3$ : Sacarose 5 % + Citrato de potássio 0,2 % | 5.50 |

| | |
|---|---|
| $T_4$ : Sacarose 5 % + Citrato de potássio 0,3 % | 5.57 |
| $T_5$ : Sacarose 5 % + Ácido bórico 0,5 % | 5.93 |
| $T_6$ : Sacarose 10 % + Citrato de potássio 0,2 % | 5.70 |
| $T_7$ : Sacarose 10 % + Citrato de potássio 0,3 % | 5.83 |
| $T_8$ : Sacarose 10 % + Ácido bórico 0,5 % | 6.50 |
| $T_9$ : Controlo (pulverização de água) | 5.03 |
| $T_{10}$ : Controlo (sem pulverização de água) | 4.84 |
| S. Em. + | 0.29 |
| C D a 5 % | 0.89 |
| C.V. % | 9.28 |

**Fig: - 4.2: Influência da sacarose e dos elementos nutritivos no número de frutos no estádio de mármore da manga cv. Kesar**

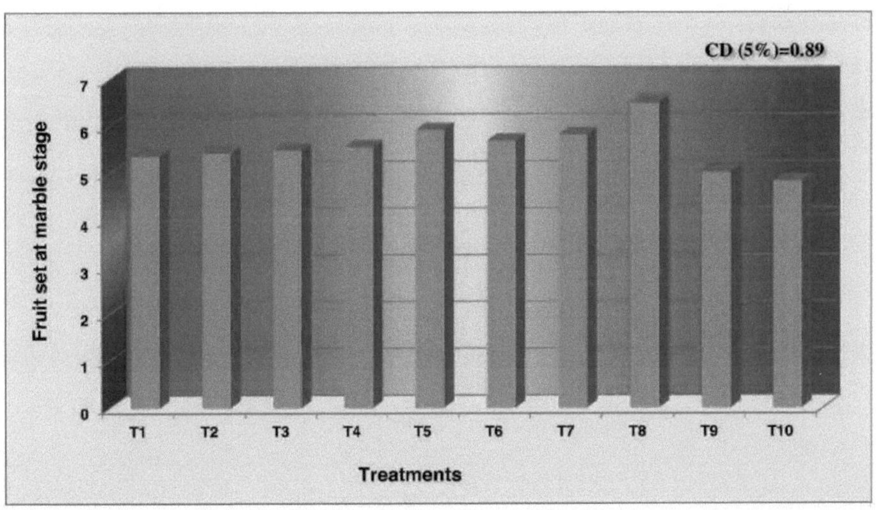


A frutificação máxima no estádio de mármore (6,50) foi registada com o tratamento T8 (sacarose 10%+ácido bórico 5%), que foi estatisticamente igual aos tratamentos T5 (5,93), T6 (5,70) e T7 (5,83). Enquanto que o mínimo de frutificação na fase de marmorização foi registado no tratamento T10 (4,84) e foi estatisticamente igual ao T9 (5,03), T1 (5,37), T2 (5,43), T3 (5,50), T4 (5,57) e T6 (5,70).

### 4.1.3 Retenção de frutos na colheita

Os dados sobre a percentagem de retenção de frutos foram afectados por vários tratamentos químicos da manga cv. Kesar são apresentados no Quadro 4.3 e representados graficamente na Fig. 3.

A percentagem de retenção de frutos da manga foi significativamente influenciada por vários tratamentos químicos durante a investigação. Todas as árvores tratadas apresentaram um valor mais elevado de percentagem de retenção de frutos em comparação com os controlos. O tratamento de sacarose 10% + ácido bórico 0,5% ficou em primeiro lugar no que diz respeito à percentagem de retenção de frutos (1,13%) e foi estatisticamente na mesma barra com T5 (1,08%), T7 (1,05%), T4 (0,98%) e T6 (0,97%). Enquanto que a percentagem mínima (0,69%) de retenção de frutos na colheita foi observada no controlo T10 (0,68%) e foi igual à do T9 (0,70%).

## 4.2 Atributos de rendimento

### 4.2.1 Número de frutos por árvore

Os dados relativos ao número de frutos por árvore, influenciados por diferentes tratamentos químicos, são apresentados no Quadro 4.4 e representados graficamente na Fig. 4.

A leitura dos dados apresentados no Quadro 4.4 indica que o número de frutos por árvore foi significativamente influenciado pelos diferentes tratamentos químicos da manga. Em geral, o número de frutos por árvore aumentou em todos os tratamentos, em comparação com o controlo. O número máximo de frutos por árvore (260,66) foi registado com T8 (sacarose 10 % + ácido bórico 0,5 %), que foi igual a T3 (233,67), T4 (243,33), T5 (251,00), T6 (246,67) e T7 (248,33). O número mínimo de frutos por árvore (175,33) foi registado com T10 (controlo) e foi estatisticamente igual a T9 (controlo) e T1 (sacarose 5%).

**Tabela: - 4.3: Influência da sacarose e dos elementos nutritivos na retenção de frutos na colheita da manga cv. Kesar**

| Tratamentos | Retenção de frutos na colheita (%) |
|---|---|
| $T_1$ : Sacarose 5 % | 0.89 |
| $T_2$ : Sacarose 10 % | 0.94 |
| $T_3$ : Sacarose 5 % + Citrato de potássio 0,2 % | 0.96 |
| $T_4$ : Sacarose 5 % + Citrato de potássio 0,3 % | 0.97 |
| $T_5$ : Sacarose 5 % + Ácido bórico 0,5 % | 1.08 |
| T6 : Sacarose 10 % + Citrato de potássio 0,2 % | 0.98 |
| $T_7$ : Sacarose 10 % + Citrato de potássio 0,3 % | 1.05 |
| $T_8$ : Sacarose 10 % + Ácido bórico 0,5 % | 1.13 |
| $T_9$ : Controlo (pulverização de água) | 0.70 |
| $T_{10}$ : Controlo (sem pulverização de água) | 0.68 |
| S. Em ± | 0.05 |

| | |
|---|---|
| C D a 5 % | 0.16 |
| C.V. % | 10.0 |

**Fig: -4.3: Influência da sacarose e dos elementos nutritivos na retenção de frutos na colheita da manga cv. Kesar**

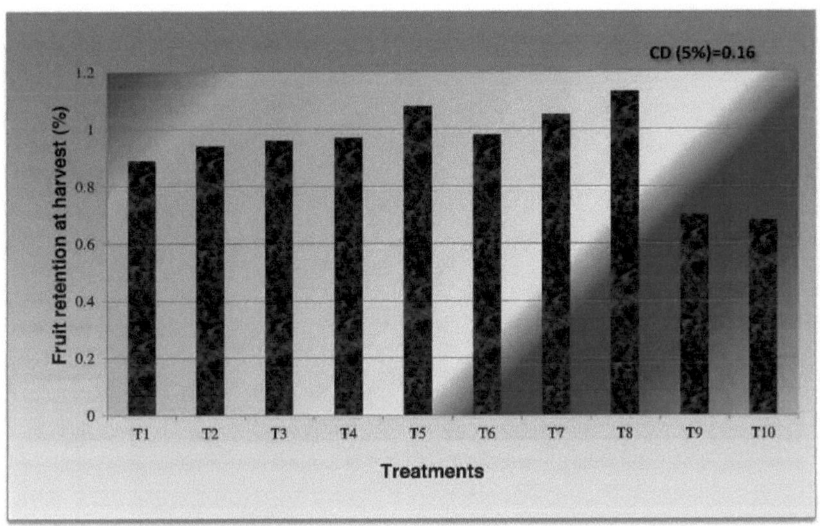


**Tabela: - 4.4: Influência da sacarose e dos elementos nutritivos no número de frutos por árvore da manga cv. Kesar**

| Tratamentos | Número de frutos por árvore |
|---|---|
| T 1 : Sacarose 5 % | 198.67 |
| $T_2$ : Sacarose 10 % | 221.67 |
| $T_3$ : Sacarose 5 % + Citrato de potássio 0,2 % | 233.67 |
| $T_4$ : Sacarose 5 % + Citrato de potássio 0,3 % | 243.33 |
| T5 : Sacarose 5 % + Ácido bórico 0,5 % | 251.00 |
| $T_6$ : Sacarose 10 % + Citrato de potássio 0,2 % | 246.67 |
| $T_7$ : Sacarose 10 % + Citrato de potássio 0,3 % | 248.33 |
| $T_8$ : Sacarose 10 % + Ácido bórico 0,5 % | 260.66 |
| $T_9$ : Controlo (pulverização de água) | 178.33 |
| $T_{10}$ : Controlo (sem pulverização de água) | 175.33 |

| S. Em. + | 9.30 |
|---|---|
| C D a 5 % | 27.65 |
| C.V. % | 7.14 |

**Fig: - 4.4: Influência da sacarose e dos elementos nutritivos no número de frutos por árvore da manga cv. Kesar**

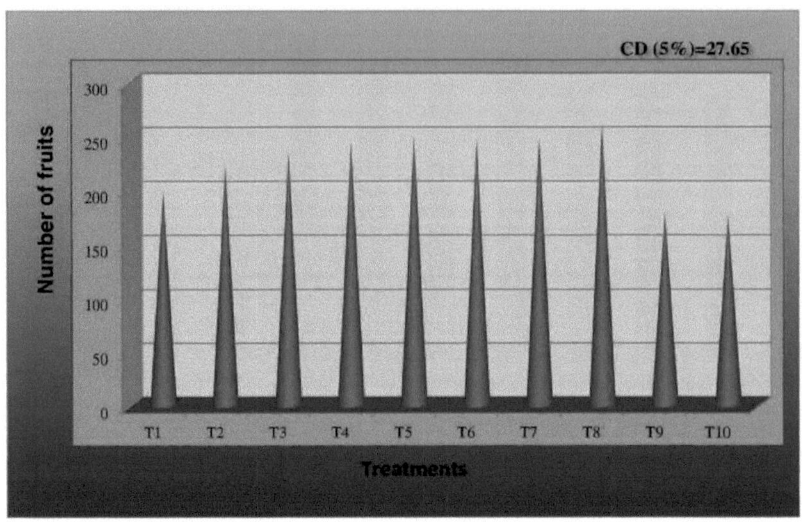


### 4.2.2 Produção de frutos (kg/árvore)

Os dados apresentados no Quadro 4.5 revelaram que houve uma diferença significativa na produção de frutos (kg/árvore) influenciada por diferentes tratamentos químicos. Também foi representado graficamente na Fig. 5.

A produção máxima de frutos foi registada com o tratamento (T8) sacarose 10 % + ácido bórico 0,5 % (87,89 kg/árvore), que foi igual aos tratamentos T5 (82,22 kg/árvore), T7 (80,44 kg/árvore) e T6 (79,62 kg/árvore). A produção mínima de frutos (44,04 kg/árvore) foi registada no tratamento T10 (controlo) e foi igual à do tratamento T9.

### 4.2.3 Peso do fruto (g)

Os dados relativos ao peso do fruto (g) foram registados durante a experiência e estão expressos no Quadro 4.6 e representados graficamente na Fig. 6.

O peso do fruto (g) foi significativamente influenciado por vários tratamentos químicos na manga Kesar durante a experiência. O peso dos frutos foi significativamente mais elevado em todas as árvores tratadas, em comparação com os dois tratamentos de controlo. O valor máximo do peso do fruto (337g) foi encontrado com o tratamento de sacarose 10% + ácido bórico 0,5% (T8). Enquanto que o valor mínimo foi registado com os tratamentos de controlo, *ou seja,* T9 (254g) e T10 (251g).

### 4.2.4 Diâmetro do fruto (cm)

Os detalhes do diâmetro dos frutos influenciados pelos diferentes tratamentos químicos foram registados durante a experiência e são apresentados no Quadro 4.6.

Os dados mostram que os vários tratamentos químicos não alteraram significativamente o diâmetro do fruto (cm) durante a investigação. No entanto, o diâmetro máximo do fruto (9,90 cm) foi registado com o tratamento T8 (sacarose 10% + ácido bórico 0,5%), seguido do tratamento T5 (9,83 cm). Enquanto que o valor mínimo de (8,48 cm) de diâmetro do fruto foi registado com o tratamento T10 (controlo).

## 4.3 Parâmetros de qualidade

### 4.3.1 Polpa do fruto (%)

**Tabela: - 4.5: Influência da sacarose e dos elementos nutritivos na produção de frutos (kg/árvore) da manga cv. Kesar**

| Tratamentos | Produção de frutos (kg/árvore) |
|---|---|
| $T_1$ : Sacarose 5 % | 59.34 |
| $T_2$ : Sacarose 10 % | 68.09 |
| $T_3$ : Sacarose 5 % + Citrato de potássio 0,2 % | 72.11 |
| $T_4$ : Sacarose 5 % + Citrato de potássio 0,3 % | 75.94 |
| $T_5$ : Sacarose 5 % + Ácido bórico 0,5 % | 82.22 |
| $T_6$ : Sacarose 10 % + Citrato de potássio 0,2 % | 79.62 |
| $T_7$ : Sacarose 10 % + Citrato de potássio 0,3 % | 80.44 |
| $T_8$ : Sacarose 10 % + Ácido bórico 0,5 % | 87.89 |
| $T_9$ : Controlo (pulverização de água) | 45.35 |
| $T_{10}$ : Controlo (sem pulverização de água) | 44.04 |
| S. Em. + | 3.15 |
| C D a 5 % | 9.37 |
| C.V. % | 7.86 |

**Fig: - 4.5: Influência da sacarose e dos elementos nutritivos na produção de frutos (kg/árvore) da manga cv. Kesar**

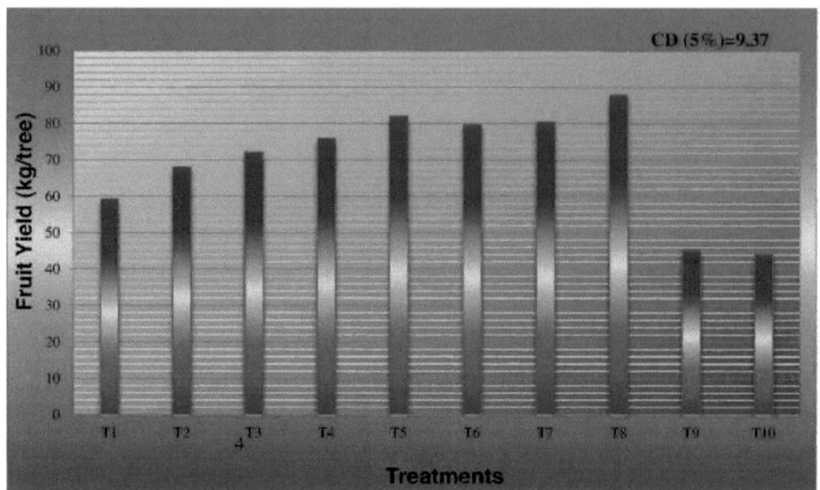


Os dados relativos à percentagem de polpa dos frutos de manga foram afectados por vários tratamentos químicos em frutos de manga cv. Kesar são apresentados no quadro 4.7. Os dados relativos à percentagem de polpa dos frutos de manga foram afectados por vários tratamentos químicos em frutos de manga cv. Kesar são apresentados na Tabela 4.7.

Os dados apresentados no Quadro 4.7 revelam que os diferentes tratamentos químicos também alteraram de forma não significativa a percentagem de polpa da manga Kesar. No entanto, o valor mais elevado da percentagem de polpa (66,73%) foi registado no tratamento T8 (sacarose 10 % + ácido bórico 0,5 %), seguido do tratamento T5 (66,50%). Por outro lado, o valor mais baixo da percentagem de polpa (59,37%) foi registado no tratamento T10 (controlo).

### 4.3.2 Casca do fruto (%)

Os dados sobre a percentagem de casca dos frutos de manga afectados por vários produtos químicos na manga cv. Kesar são apresentados no Quadro 4.7.

O quadro 4.7 mostra que a percentagem de casca dos frutos de manga Kesar não foi significativa com os diferentes tratamentos químicos durante a investigação. A percentagem máxima de casca (22,50%) foi registada no tratamento com T5 e T7. Enquanto a percentagem mínima de casca (20,27%) foi registada no tratamento T10.

### 4.3.3 Relação polpa : casca

Os dados relativos à relação polpa: casca foram registados durante a experiência. Os dados são apresentados no Quadro 4.7.

Os dados apresentados na Tabela 4.7 mostram que os diferentes tratamentos químicos tiveram um efeito não significativo na relação polpa: casca. O rácio polpa: casca (3.00) foi observado no máximo no tratamento T8 (sacarose 10% + ácido bórico 0.5%), que foi seguido pelo tratamento de sacarose 5% + ácido bórico 0.5%

(T5). Enquanto que a relação polpa: casca mínima foi registada no tratamento T6.

#### 4.3.4 Sólidos solúveis totais ($^0$ Brix)

**Tabela: - 4. 6: Influência da sacarose e dos elementos nutritivos no peso do fruto (g) e no diâmetro do fruto (cm) da manga cv. Kesar**

| Tratamentos | Peso do fruto (g) | Diâmetro do fruto $^{(cm)}$ |
|---|---|---|
| $T_1$ : Sacarose 5 % | 299 | 8.88 |
| $T_2$ : Sacarose 10 % | 307 | 8.92 |
| $T_3$ : Sacarose 5 % + Citrato de potássio 0,2 % | 308 | 8.99 |
| $T_4$ : Sacarose 5 % + Citrato de potássio 0,3 % | 312 | 9.32 |
| $T_5$ : Sacarose 5 % + Ácido bórico 0,5 % | 327 | 9.83 |
| $T_6$ : Sacarose 10 % + Citrato de potássio 0,2 % | 322 | 9.52 |
| $T_7$ : Sacarose 10 % + Citrato de potássio 0,3 % | 323 | 9.55 |
| $T_8$ : Sacarose 10 % + Ácido bórico 0,5 % | 337 | 9.90 |
| $T_9$ : Controlo (pulverização de água) | 254 | 8.49 |
| $T_{10}$ : Controlo (sem pulverização de água) | 251 | 8.48 |
| S. Em. + | 12.60 | 0.34 |
| C D a 5 % | 37.44 | NS |
| C.V. % | 7.17 | 6.58 |

**Fig: - 4.6: Influência da sacarose e dos elementos nutritivos no peso do fruto (g) da manga cv. Kesar**

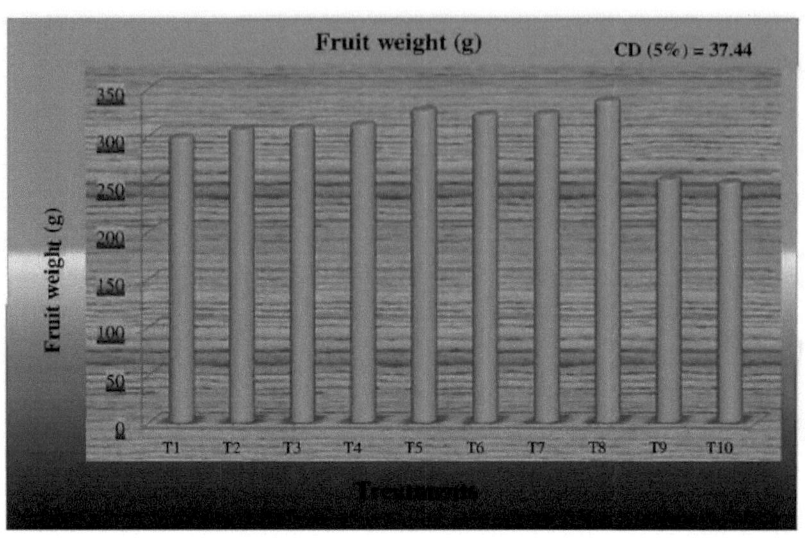
Fruit weight (g)
CD (5%) = 37.44
Fruit weight (g)
350
300
250
200
150
100
50
0
T1
T2
T3
T4
T5
T6
T7
T8
T9
T10
Treatments

Plate-III: Effect of sucrose 10 % + Boric acid 0.5% (T8) at different stages of mango fruiting

Fruit set at pea stage

Fruit set at marble stage

Fruit set at mature stage

Fruit set at pea stage

Fruit set at marble stage

Fruit set at mature stage

**Tabela:- 4. 7: Influência da sacarose e dos elementos nutritivos na percentagem de polpa, na percentagem de casca e na relação polpa : casca de frutos de manga cv. Kesar.**

| Tratamentos | Pasta de papel (%) | Casca (%) | Polpa: Rácio de casca |
|---|---|---|---|
| T 1 : Sacarose 5 % | 62.50 | 20.80 | 2.97 |
| $T_2$ : Sacarose 10 % | 62.53 | 21.27 | 2.94 |
| $T_3$ : Sacarose 5 % + Citrato de potássio 0,2 % | 62.67 | 21.60 | 2.90 |
| $T_4$ : Sacarose 5 % + Citrato de potássio 0,3 % | 63.93 | 22.27 | 2.87 |
| T5 : Sacarose 5 % + Ácido bórico 0,5 % | 66.50 | 22.50 | 2.96 |
| $T_6$ : Sacarose 10 % + Citrato de potássio 0,2 % | 64.53 | 22.40 | 2.88 |

| | | | |
|---|---|---|---|
| $T_7$ : Sacarose 10 % + Citrato de potássio 0,3 % | 66.20 | 22.50 | 2.94 |
| $T_8$ : Sacarose 10 % + Ácido bórico 0,5 % | 66.73 | 22.47 | 3.00 |
| $T_9$ : Controlo (pulverização de água) | 59.70 | 20.30 | 2.94 |
| $T_{10}$ : Controlo (sem pulverização de água) | 59.37 | 20.27 | 2.92 |
| S. Em. + | 2.56 | 1.07 | 1.81 |
| CD. a 5 % | NS | NS | NS |
| C.V. % | 4.70 | 6.01 | 5.47 |

Os dados relativos aos sólidos solúveis totais foram influenciados por diferentes tratamentos químicos da manga cv. Kesar são apresentados no Quadro 4.8 e representados graficamente na Fig. 7.

Os dados apresentados na Tabela 4.8 revelam que vários tratamentos químicos alteraram significativamente o teor de sólidos solúveis totais da manga Kesar. O teor mais elevado de sólidos solúveis totais da manga foi observado no tratamento (sacarose 10% + ácido bórico 0,5%) T8 (19,00$^0$ Brix), que estava a par com T1 (17.00$^0$ Brix), T2 (17.62$^0$ Brix), T3 (18.11$^0$ Brix), T4 (18.22$^0$ Brix), T5 (18.77$^0$ Brix), T6 (18.27$^0$ Brix), e T7 (18.58$^0$ Brix). Enquanto o valor mais baixo do conteúdo de sólidos solúveis totais (15.66$^0$ Brix) foi observado no tratamento de controlo (T10), permaneceu a par com T9, T1 e T2.

### 4.3.5 Acidez (%)

Os dados relativos à percentagem de acidez influenciada por diferentes tratamentos químicos são apresentados no Quadro 4.8.

A partir da Tabela 4.8, pode-se ver que vários tratamentos químicos não alteraram significativamente a percentagem de acidez titulável da manga cv. Kesar durante a investigação. No entanto, a percentagem de acidez titulável mais baixa (0,30 %) foi encontrada nos tratamentos T8, T4 e T5. O valor mais alto (0,33%) da percentagem de acidez foi observado nos tratamentos T1, T2 e T10.

### 4.3.6 Açúcar redutor (%)

A alteração da percentagem de açúcar redutor nos frutos de manga influenciada por diferentes tratamentos químicos foi estudada e os pormenores são apresentados no Quadro 4.9.

É evidente a partir dos dados presentes no Quadro 4.9 que os diferentes tratamentos químicos não tiveram um efeito significativo na percentagem de açúcar redutor que foi analisada no estádio de maturação alimentar. No entanto, o valor mais elevado do teor de açúcar redutor (3,45%) dos frutos foi registado com o tratamento T8 (sacarose 10% + ácido bórico 0,5%). O teor mínimo de açúcares redutores (3,0%) dos frutos foi registado no tratamento T10 (controlo).

**Tabela:- 4.8: Influência da sacarose e dos elementos nutritivos no TSS ($^0$ Brix) e na acidez dos frutos de manga cv. Kesar.**

| Tratamentos | SST ($^0$ Brix) | Acidez (%) |
|---|---|---|
| T 1 : Sacarose 5 % | 17.00 | 0.33 |
| $T_2$ : Sacarose 10 % | 17.62 | 0.33 |
| $T_3$ : Sacarose 5 % + Citrato de potássio 0,2 % | 18.11 | 0.32 |
| $T_4$ : Sacarose 5 % + Citrato de potássio 0,3 % | 18.22 | 0.30 |
| $T_5$ : Sacarose 5 % + Ácido bórico 0,5 % | 18.77 | 0.30 |
| $T_6$ : Sacarose 10 % + Citrato de potássio 0,2 | 18.27 | 0.32 |
| $T_7$ : Sacarose 10 % + Citrato de potássio 0,3 | 18.58 | 0.31 |
| $T_8$ : Sacarose 10 % + Ácido bórico 0,5 % | 19.00 | 0.30 |
| $T_9$ : Controlo (pulverização de água) | 16.08 | 0.32 |
| $T_{10}$ : Controlo (sem pulverização de água) | 15.66 | 0.33 |
| S. Em. + | 0.94 | 0.01 |
| CD. a 5 % | 2.20 | NS |
| C.V. % | 7.95 | 5.03 |

**Fig:- 4.7: Influência da sacarose e dos elementos nutritivos no SST ($^0$ Brix) de frutos de manga cv. Kesar**

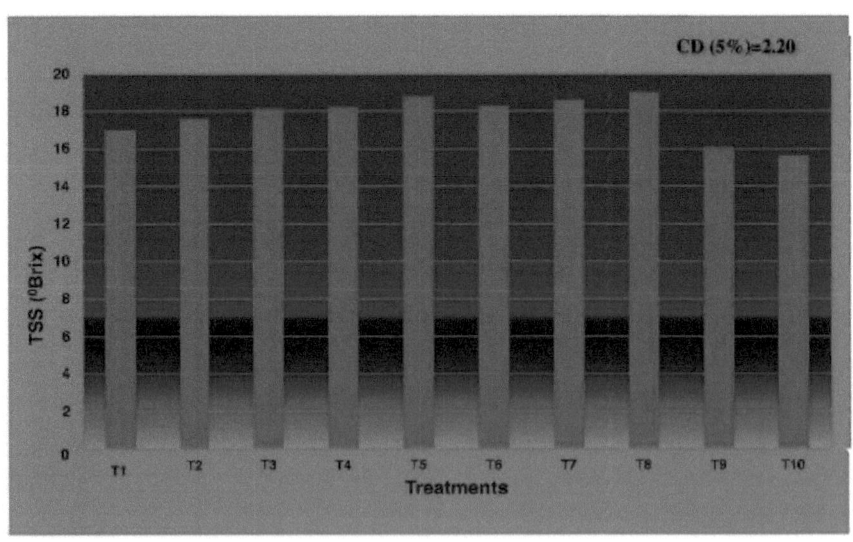


### 4.3.7 Açúcar total (%)

Os dados relativos à percentagem de açúcar total dos frutos da manga Kesar são apresentados no quadro 4.9.

É evidente a partir dos dados presentes no Quadro 4.9 que os diferentes tratamentos químicos tiveram um efeito não significativo no teor de açúcar total do fruto. Enquanto que a percentagem máxima de açúcar total (13,58%) dos frutos foi registada com o tratamento sacarose 10% + ácido bórico 0,5% (T8). No entanto, o teor mínimo de açúcar total (11,90%) dos frutos foi registado no tratamento T10 (controlo).

### 4.3.8 Açúcar não redutor (%)

Os dados relativos ao teor de açúcares não redutores dos frutos influenciados por diferentes tratamentos químicos são apresentados no Quadro 4.9.

A leitura dos dados presentes no Quadro 4.9 indica que o teor de açúcar não redutor dos frutos não foi significativamente influenciado pelos diferentes tratamentos químicos. No entanto, o teor máximo de açúcar não redutor (10,13%) foi registado com sacarose 10% + ácido bórico 0,5% (T8) e o teor mínimo de açúcar não redutor (8,90%) foi registado no tratamento T10 (controlo). **4.3.9 Ácido ascórbico (mg/100g polpa)**

Os dados relativos ao teor de ácido ascórbico (mg/100g de polpa) da polpa de manga cv. Kesar foram afectados por vários tratamentos químicos durante o período de análise química são apresentados no Quadro 4.10 e representados graficamente na Fig. 8.

A aplicação de diferentes tratamentos químicos teve um efeito significativo no teor de ácido ascórbico da polpa de manga. O teor mais elevado de ácido ascórbico (72,89 mg/100g de polpa) foi registado com o tratamento sacarose 10% + ácido bórico 0,5% (T8), que foi igual ao T5 (71,12 mg/g de polpa), T7 (71,22 mg/g de polpa), T6 (70,30 mg/g de polpa) e T4 (69,33 mg/g de polpa). Por outro lado, o teor mínimo de ácido ascórbico (64,86 mg/g de polpa) nos frutos foi registado no tratamento T10 (controlo). Este tratamento estava estatisticamente na mesma barra que $T_9$ , $T_1$ , $T_2$ , $T_3$ e T $_{.4}$

**Tabela:- 4.9: Influência da sacarose e dos elementos nutritivos no teor de açúcares redutores, açúcares não redutores e açúcares totais dos frutos de manga cv. Kesar**

| Tratamentos | Açúcar redutor (%) | Açúcar não redutor (%) | Açúcares totais (%) |
|---|---|---|---|
| $T_1$ : Sacarose 5 % | 3.30 | 9.70 | 13.00 |
| $T_2$ : Sacarose 10 % | 3.32 | 9.78 | 13.10 |
| $T_3$ : Sacarose 5 % + Citrato de potássio 0,2 % | 3.38 | 9.82 | 13.20 |
| T4 : Sacarose 5 % + Citrato de potássio 0,3 % | 3.39 | 9.84 | 13.23 |
| $T_5$ : Sacarose 5 % + Ácido bórico 0,5 % | 3.42 | 10.12 | 13.54 |
| $T_6$ : Sacarose 10 % + Citrato de potássio 0,2 | 3.40 | 9.91 | 13.33 |
| $T_7$ : Sacarose 10 % + Citrato de potássio 0,3 | 3.40 | 10.00 | 13.40 |
| $T_8$ : Sacarose 10 % + Ácido bórico 0,5 % | 3.45 | 10.13 | 13.58 |

| $T_9$ : Controlo (pulverização de água) | 3.43 | 9.54 | 12.97 |
|---|---|---|---|
| $T_{10}$ : Controlo (sem pulverização de água) | 3.00 | 8.90 | 11.90 |
| S. Em. + | 0.13 | 0.35 | 0.33 |
| CD. a 5 % | NS | NS | NS |
| C.V. % | 7.03 | 6.24 | 4.46 |

### 4.3.10 Perda de peso fisiológica (%)

Os dados relativos à perda fisiológica de peso (%) dos frutos de manga cv. Kesar afectados por vários tratamentos durante o período de armazenamento são apresentados no Quadro 4.10.

A aplicação de diferentes tratamentos não teve um efeito significativo na perda de peso dos frutos de manga. No entanto, o tratamento de sacarose a 10% + ácido bórico a 0,5% (T8) denotou uma perda de peso mínima (15,12%), enquanto que a perda de peso máxima (17,20%) foi registada em T10 (controlo) durante a investigação.

### 4.3.11 . Prazo de validade (dias)

Os dados relativos ao tempo de conservação influenciado por diferentes tratamentos na manga cv. Kesar são apresentados no quadro 4.11.

Os dados apresentados no Quadro 4.11 indicam que os vários tratamentos não tiveram um efeito significativo no tempo de conservação (dias) dos frutos de manga, quando os frutos foram armazenados à temperatura ambiente. No entanto, o período máximo de conservação (14,07 dias) foi registado com o tratamento sacarose 10% + ácido bórico 0,5% (T8). No entanto, o período de conservação mínimo (11,40 dias) foi observado com o tratamento de controlo (T10).

### 4.3.12 Percentagem de frutos comercializáveis com um intervalo de três dias

Os dados relativos à percentagem de frutos comercializáveis num intervalo de três dias, *ou seja,* 0, 3$^{rd}$ , 6$^{th}$ , 9$^{th}$ , 12$^{th}$ e 15$^{th}$ , afectados por vários tratamentos da manga Cv. Kesar são apresentados na Tabela 4.12.

A partir da Tabela 4.12, pode ser visto que vários tratamentos químicos não tiveram efeito significativo na percentagem de frutos comercializáveis em intervalos de três dias, *isto é,* 0, 3, 6, 9, 12 e 15. No entanto, a percentagem máxima de frutos comercializáveis foi registada no tratamento sacarose 10% + ácido bórico 0,5% (T8) durante o armazenamento. Por outro lado, a percentagem mínima de frutos comercializáveis foi registada no tratamento de controlo (T10).

**Tabela:-4.10: Influência da sacarose e dos elementos nutritivos no ácido ascórbico (mg/100 g de polpa) e na perda fisiológica de peso dos frutos de manga cv. Kesar**

| Tratamentos | Ácido ascórbico (mg/100g de polpa) | PLW (%) |
|---|---|---|

| | | |
|---|---|---|
| $T_1$ : Sacarose 5 % | 67.28 | 15.70 |
| $T_2$ : Sacarose 10 % | 67.60 | 15.66 |
| $T_3$ : Sacarose 5 % + Citrato de potássio 0,2 % | 67.96 | 15.63 |
| $T_4$ : Sacarose 5 % + Citrato de potássio 0,3 % | 69.33 | 15.57 |
| T5 : Sacarose 5 % + Ácido bórico 0,5 % | 71.12 | 15.17 |
| $T_6$ : Sacarose 10 % + Citrato de potássio 0,2 | 70.30 | 15.53 |
| $T_7$ : Sacarose 10 % + Citrato de potássio 0,3 | 71.22 | 15.34 |
| $T_8$ : Sacarose 10 % + Ácido bórico 0,5 % | 72.89 | 15.12 |
| $T_9$ : Controlo (pulverização de água) | 65.77 | 16.60 |
| $T_{10}$ : Controlo (sem pulverização de água) | 64.86 | 17.20 |
| S. Em. + | 1.57 | 0.77 |
| CD. a 5 % | 4.87 | NS |
| C.V. % | 4.13 | 8.49 |

**Fig:-4.8 : Influência da sacarose e elementos nutritivos no ácido ascórbico (mg/100 g polpa) de frutos de manga cv. Kesar**

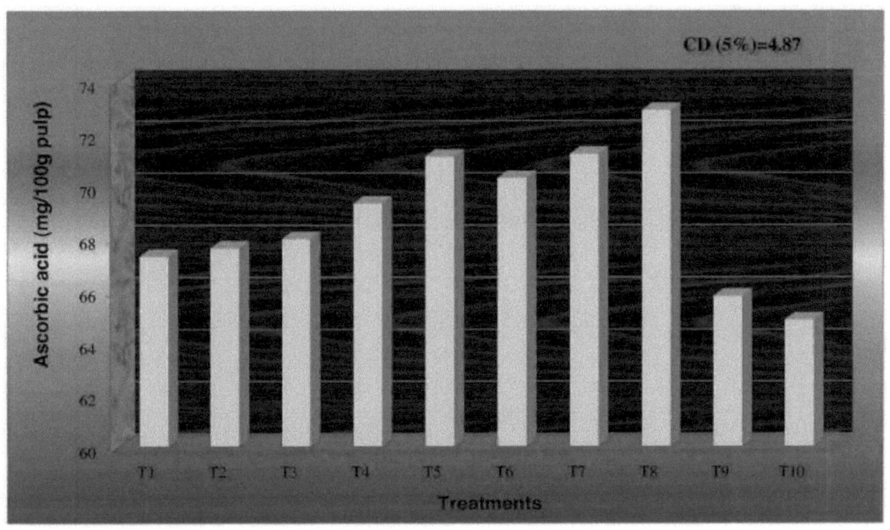


**Tabela: - 4.11: Influência da sacarose e dos elementos nutritivos no tempo de conservação dos frutos de manga cv. Kesar**

| Tratamentos | Prazo de validade (dias) |
|---|---|
| T 1 : Sacarose 5 % | 12.98 |
| $T_2$ : Sacarose 10 % | 13.03 |
| $T_3$ : Sacarose 5 % + Citrato de potássio 0,2 % | 13.20 |
| $T_4$ : Sacarose 5 % + Citrato de potássio 0,3 % | 13.40 |
| $T_5$ : Sacarose 5 % + Ácido bórico 0,5 % | 13.87 |
| $T_6$ : Sacarose 10 % + Citrato de potássio 0,2 % | 13.43 |
| $T_7$ : Sacarose 10 % + Citrato de potássio 0,3 % | 13.73 |
| $T_8$ : Sacarose 10 % + Ácido bórico 0,5 % | 14.07 |
| $T_9$ : Controlo (pulverização de água) | 12.16 |
| $T_{10}$ : Controlo (sem pulverização de água) | 11.40 |
| S. Em. + | 0.52 |
| CD. a 5 % | NS |
| C.V. % | 6.95 |

**Tabela: - 4.12: Influência da sacarose e dos elementos nutritivos na percentagem de frutos comercializáveis (intervalo de 3 dias) de mangas cv. Kesar**

| Tratamentos | Porcentagem comercializável de frutos de manga cv. Kesar (intervalo de 3 dias) | | | | | |
|---|---|---|---|---|---|---|
| | 0 | 3rd | 6th | 9th | 12th | 15th |
| $T_1$ : Sacarose 5 % | 100 | 85.4 | 62.5 | 54.0 | 52.9 | 49.9 |
| $T_2$ : Sacarose 10 % | 100 | 87.2 | 63.8 | 54.3 | 53.1 | 50.7 |
| $T_3$ : Sacarose 5 % + Citrato de potássio 0,2 % | 100 | 88.4 | 64.2 | 55.1 | 53.2 | 50.8 |
| $T_4$ : Sacarose 5 % + Citrato de potássio 0,3 % | 100 | 91.2 | 66.5 | 55.9 | 53.4 | 51.2 |
| $T_5$ : Sacarose 5 % + Ácido bórico 0,5 % | 100 | 99.4 | 67.8 | 58.9 | 58.3 | 54.0 |
| T6 : Sacarose 10 % + Citrato de potássio 0,2 % | 100 | 92.1 | 67.0 | 56.0 | 54.0 | 52.0 |

| | | | | | | |
|---|---|---|---|---|---|---|
| $T_7$ : Sacarose 10 % + Citrato de potássio 0,3 % | 100 | 94 | 67.2 | 56.3 | 56.3 | 52.5 |
| $T_8$ : Sacarose 10 % + Ácido bórico 0,5 % | 100 | 99.9 | 67.9 | 60.7 | 59.2 | 56.5 |
| $T_9$ : Controlo (pulverização de água) | 99.9 | 85.2 | 54.0 | 53.4 | 52.2 | 49.3 |
| $T_{10}$ : Controlo (sem pulverização de água) | 99.7 | 85.1 | 53.2 | 53.1 | 51.9 | 48.3 |
| S. Em. + | 0.10 | 3.56 | 3.61 | 2.36 | 1.93 | 2.95 |
| CD. a 5 % | NS | NS | NS | NS | NS | NS |
| C.V. % | 0.13 | 6.80 | 9.85 | 7.33 | 6.14 | 9.91 |

### 4.4 Pragas e doenças

Não se registou uma incidência grave de pragas e doenças durante o ano do inquérito. No entanto, algumas pragas atacaram a flor da mangueira, *nomeadamente* o fungo da mangueira, e doenças como o oídio. Estes insectos e doenças são controlados através da aplicação de alguns pesticidas e fungicidas, como o endosufan, o emedaclopride e o enxofre trydemorph, *etc*.

### 4.5 Economia

A economia dos tratamentos é apresentada na Tabela-4.13. O retorno líquido máximo (< 211370) foi obtido com o tratamento de sacarose 10% + ácido bórico 0,5% (T8) seguido pelo tratamento T5 (sacarose 5% + ácido bórico 0,5%). No entanto, o BCR mais elevado (1:5,39) foi obtido no tratamento (T5) seguido do tratamento T4, o que se deve ao menor custo dos factores de produção.

**Quadro 4.13: Economias de tratamento**

| **Tratamentos** | **Rendimento (Kg/ha)** | **Custo dos tratamentos (?/ha)** | **Outras despesas (?/ha)** | **Despesas totais (?/ha)** | **Rendimento total (Γ/ha)** | **Rendimento líquido (?/ha)** | **BCR (?)** |
|---|---|---|---|---|---|---|---|
| $T_1$ | 5932 | 13750 | 23800 | 37550 | 177960 | 140410 | 1:3.73 |
| $T_2$ | 6803 | 27500 | 23800 | 51300 | 204090 | 152790 | 1:2.97 |
| $T_3$ | 7211 | 14582 | 23800 | 38382 | 216330 | 177948 | 1:4.63 |
| $T_4$ | 7596 | 14998 | 23800 | 38798 | 227880 | 189082 | 1:4.87 |
| $T_5$ | 8222 | 14750 | 23800 | 38550 | 246660 | 208110 | 1:5.39 |
| $T_6$ | 7962 | 28332 | 23800 | 52132 | 238860 | 186728 | 1:3.58 |

| $T_7$ | 8043 | 28748 | 23800 | 52548 | 241290 | 188742 | 1:3.59 |
|---|---|---|---|---|---|---|---|
| $T_8$ | 8789 | 28500 | 23800 | 52300 | 263670 | 211370 | 1:4.04 |
| $T_9$ | 4536 | 40 | 23800 | 23840 | 136080 | 112240 | 1:4.70 |
| $T_{10}$ | 4404 | 0 | 23800 | 23800 | 132120 | 108320 | 1:4.55 |

Outras despesas: Custo dos fertilizantes, das protecções das plantas e dos encargos com a mão de obra

Custo da sacarose: 550/Kg

CustoPotasshmicitrate: 832/100g

Custo do ácido bórico: Γ 400/250g

Frutos de manga: 30/ kg

## V. Debate

A investigação foi efectuada na Estação Experimental Agrícola, Paria, **Universidade Agrícola de** Navsari, **Navsari. intitulada "Efeito da sacarose e dos elementos nutritivos na frutificação da manga cv. Kesar"**

A experiência foi realizada com o objetivo de melhorar a frutificação, o rendimento e a qualidade da manga cv. Kesar. Os dados relativos a várias observações *viz*, frutificação, retenção de frutos, número de frutos por árvore, produção de frutos (kg/árvore), peso dos frutos (g), diâmetro dos frutos (cm), relação polpa: casca, perda fisiológica de peso (%), tempo de conservação (dias), sólidos solúveis totais (°Brix), acidez (%), açúcar redutor (%), açúcar não redutor (%), açúcar total (%), ácido ascórbico (mg/100g de polpa), frutos comercializáveis (%) e economia foram registados e analisados estatisticamente. Os resultados desta experiência foram discutidos neste capítulo, juntamente com a fundamentação adequada e apoiados por investigadores anteriores.

Toda a discussão foi dividida nos seguintes pontos.

5.1 Efeito sobre os parâmetros do conjunto de frutos

5.2 Efeito nos parâmetros de rendimento

5.3 Efeito nos parâmetros qualitativos

5.4 Economia dos tratamentos

### 5.1 Efeito nos parâmetros de frutificação

Os resultados da presente investigação indicaram que o maior número de frutos no estádio de ervilha (19,93) foi registado no tratamento T8 (sacarose 10 % + ácido bórico 0,5 %), seguido do T5 (sacarose 5 % + ácido bórico 0,5 %). Enquanto a frutificação na fase de ervilha foi menor (12,39) no tratamento de controlo T10 (sem pulverização de água).

Relativamente à frutificação no estádio de mármore, esta foi significativamente influenciada por vários tratamentos químicos na manga Kesar. O número máximo de frutos no estádio de mármore foi registado mais alto (6,50) com o mesmo tratamento, *ou seja,* T8 (sacarose 10% + ácido bórico 0,5%), e também estatisticamente a par com os tratamentos T5 (5,93), T6 (5,70) e T7 (5,83).

A percentagem de retenção de frutos na colheita da manga foi significativamente influenciada por vários tratamentos químicos. A percentagem mais elevada de retenção de frutos (1,13%) foi registada com sacarose 10 % + ácido bórico 0,5 % (T8) e foi estatisticamente igual a T5 (1,08%), T7 (1,05%), T4 (0,98%) e T6 (0,97%) porque o boro aumenta a atividade fotossintética e a taxa de respiração nas plantas. O complexo de açúcar e boro passa das folhas para os frutos em desenvolvimento, o que reduz a camada de abscisão e aumenta a retenção de frutos na manga.

Suplementação com sacarose para efeitos da disponibilidade de hidratos de carbono no crescimento e abscisão de frutos em Cv. Okitsu de Mandarinas Satsuma. A desfoliação parcial promoveu a abscisão das folhas dos frutos, enquanto a suplementação de sacarose aumentou a frutificação dos citrinos. Quando a sacarose foi fornecida continuamente desde a floração até à colheita, aumentou as concentrações de açúcares solúveis e insolúveis nos frutos. A frutificação é altamente dependente da disponibilidade de hidratos de carbono (Iglesias, *et al.* 2003).

A razão provável é que a flor da mangueira é polinizada pela mosca doméstica comum (*Musca domestica*), pela pequena mosca díptera (*Melipona spp.*) e por uma espécie de mosca-dos-insectos (*Syrphidae spp.*). A sacarose é um tipo de açúcar que, ao visitar os insectos acima referidos na flor da mangueira, provoca a polinização e aumenta a percentagem de frutificação. O boro também contribui para a polinização, uma vez que é responsável pela germinação do pólen e pelo aumento do crescimento do tubo polínico. O boro desempenha um papel vital na síntese da clorofila e das auxinas nas plantas. Isto pode ter incentivado a fotossíntese, resultando numa maior acumulação de fotossintatos. Do mesmo modo, o boro regula o metabolismo envolvido na translocação de hidratos de carbono, no desenvolvimento da parede celular e na síntese de ARN (Ram e Bose, 2000). Simultaneamente, um envolvimento ativo do boro na biossíntese de auxinas pode ter controlado a queda de frutos e aumentado a frutificação e a retenção de frutos até à maturidade.

Resultados semelhantes foram também observados por Ghanta e Mitra (1993), Banik e Sen (1997) e Singh e Maurya (2004) na manga, Babu e Singh (1994) na lichia, que estão de acordo com o presente estudo.

## 5.2 Efeito nos parâmetros de rendimento

Os resultados do presente estudo investigaram que a pulverização foliar de sacarose, citrato de potássio e ácido bórico, quer individualmente quer em combinações, deu um aumento significativo no rendimento em relação ao controlo. O tratamento de sacarose 10% + ácido bórico 0,5% (T8) ficou em primeiro lugar no que diz respeito ao número de frutos no estágio de ervilha (19,93), número de frutos no estágio de mármore (6,50), número de frutos por árvore (260,66), produção de frutos (87,89kg/árvore) e peso de frutos (337g), seguido pelo tratamento de sacarose 5% + ácido bórico 0,5% (T5).

O rendimento da planta é o efeito cumulativo de vários atributos afectados por diferentes elementos químicos através de uma taxa mais elevada de divisão celular, alargamento, fotossíntese e aumento das actividades enzimáticas, bem como do envolvimento da biossíntese da auxina. No presente estudo, a pulverização foliar de sacarose 10% + ácido bórico 0,5% (T8) uma vez na fase de plena floração aumentou significativamente a frutificação, o que ajuda a aumentar o número de frutos por árvore, resultando num maior rendimento.

Além disso, a aplicação de boro pode ter melhorado a translocação do metabolismo da fonte (folha) para o sumidouro (fruto), resultando num maior rendimento, porque o boro está ativamente envolvido no transporte de hidratos de carbono nas plantas. Assim, o efeito cumulativo do tratamento combinado de sacarose + B pode ter resultado num maior peso dos frutos. (Singh *et al.* 2003) em manga. Resultados semelhantes foram também observados por Banik *et al.* (1997), Nehete (2009), Sanna e Abd-El-Migeed (2005) e Banik e Sen (1997) em manga, Saraswathy *et al.* (2004) em sapota, Supriya e Bhattacharyya (1993) em limão Assam, Haque *et al.* (2000) em laranja mandarim, Lal *et al.* (2000) em goiaba, Dutta e Dhua (2002), Kavitha *et al.* (2000) em papaia e Dutta (2004) em goiaba, que estão em conformidade com os resultados do presente estudo.

### 5.3 Efeito nos parâmetros qualitativos

Caracteres de qualidade dos frutos como os açúcares não redutores (%), açúcares totais

açúcares (%), açúcar redutor (%) e acidez titulável (%) não foram afectados pela aplicação de diferentes produtos químicos. Os sólidos solúveis totais ($^0$ Brix) e o ácido ascórbico (mg/100g) foram significativamente influenciados pela pulverização foliar de elementos nutritivos na manga cv. Kesar.

A maior porcentagem de sólidos solúveis totais (19,00$^0$ Brix) e ácido ascórbico (72,89mg/100g) foi registrada com a aplicação combinada de sacarose 10% + ácido bórico 0,5% (T8), enquanto o segundo melhor tratamento foi sacarose 5% + ácido bórico 0,5% (T5). Isto pode dever-se ao facto de a quantidade adequada de boro melhorar o teor de auxina e também atuar como catalisador nos processos de oxidação-redução nas plantas. Além disso, também ajuda noutras reacções enzimáticas como a transformação de hidratos de carbono, a atividade da hexoquinase e a formação de celulose e a alteração do açúcar são consideradas devidas à sua ação sobre a zymohexose (Dutta e Dhua, 2002) na manga. Do mesmo modo, a aplicação combinada de alguns elementos nutritivos a um nível inferior aumentou os teores de sólidos solúveis totais e de ácido ascórbico. A pulverização foliar de micronutrientes pode ter aumentado a taxa de fotossíntese, as actividades enzimáticas e a translocação de fotossintatos, levando à melhoria dos parâmetros de qualidade.

As conclusões de Banik *et al.* (1997), Singh *et al.* (2003), Dutta (2004) em manga, Saraswathy *et al.* (2004) em sapota, Suresh e Savithri (2001), Jeyabaskaran e Pandey (2008) em banana, Prabhu e Singaram (2001), Singh *et al.* (2002) em uvas, Kar *et al.* (2002) em ananás estão de acordo com o presente inquérito.

### 5.4 Economia dos tratamentos:-

Na presente investigação, o maior rendimento líquido foi obtido com os tratamentos de ($T_8$ ) sacarose 10% + ácido bórico 0,5% ( 211370) e ($T_5$ ) sacarose 5% + ácido bórico 0,5% ( ≡r 208110). Isso porque esses tratamentos promoveram melhor frutificação e desenvolvimento dos frutos, resultando em maior produtividade.

Entre estes, o tratamento T8 (sacarose 10% + ácido bórico 0,5%) teve um custo total mais elevado em comparação com o tratamento T5. O maior BCR foi obtido no tratamento T5 (sacarose 5% + ácido bórico 0,5%), o que pode ser devido ao menor custo de entrada e maior produção em comparação com outros tratamentos.

# VI. RESUMO E CONCLUSÃO

**A presente investigação "Efeito da sacarose e dos elementos nutritivos** na frutificação da manga cv. Kesar" foi efectuada na Estação Experimental Agrícola, Universidade Agrícola de Navsari, Paria, Taluka - Pardi, Distrito - Valsad, durante a época de 2009-2010.

A experiência foi organizada num esquema de blocos aleatórios com dez tratamentos de diferentes elementos nutritivos, *ou seja,* sacarose, citrato de potássio e ácido bórico, incluindo o controlo. Os tratamentos foram repetidos três vezes. O efeito destes tratamentos na frutificação, retenção de frutos, produção e parâmetros de qualidade dos frutos foi registado e os resultados obtidos estão resumidos a seguir.

1. A frutificação no estádio de ervilha por panícula foi considerada significativa em relação a vários tratamentos químicos na manga Kesar. O maior número de frutos no estádio de ervilha foi registado com o tratamento sacarose 10% + ácido bórico 0,5% (T8). O segundo melhor tratamento foi o T5 (sacarose 5 % + ácido bórico 0,5 %).

2. Os diferentes tratamentos químicos alteraram significativamente a frutificação na fase de mármore da manga Kesar. O tratamento sacarose 10% + ácido bórico 0,5% (T8) ficou em primeiro lugar com maior número de frutos no estádio de mármore, seguido pelo tratamento T5. Enquanto que no tratamento de controlo (T10) se observou um mínimo de frutificação no estádio de mármore.

3. Relativamente à retenção de frutos na colheita, o tratamento de sacarose 10% + ácido bórico 0,5% (T8) foi considerado melhor para uma maior retenção de frutos. Por outro lado, a percentagem mínima de retenção de frutos na colheita foi observada no T10 (controlo) e foi igual à do T9.

4. Houve uma diferença significativa no número de frutos por árvore em relação aos diferentes tratamentos químicos. O valor mais elevado do número de frutos por árvore foi registado com o tratamento sacarose 10% + ácido bórico 0,5% (T8) da manga cv. Kesar, seguido do T5.

5. Na manga Kesar, a produção de frutos (kg/árvore) foi significativamente afetada por diferentes tratamentos químicos. A produção máxima de frutos foi registada com o tratamento de sacarose 10 % + ácido bórico 0,5 % (T8). O segundo melhor tratamento de sacarose foi (sacarose 10% + ácido bórico 0,5%) T5.

6. Considerando o efeito de vários tratamentos químicos no peso do fruto, o valor máximo do peso do fruto foi encontrado com o tratamento de sacarose 10% + ácido bórico 0,5% (T8), seguido pelos tratamentos T5.

7. O diâmetro dos frutos não foi afetado pelos diferentes produtos químicos no presente estudo. No entanto, o diâmetro máximo dos frutos foi registado no tratamento T8 (sacarose 10% + ácido bórico 0,5%).

8. A percentagem de peso da polpa, a percentagem de peso da casca e a relação polpa: casca não foram afectadas pelos diferentes tratamentos químicos. O peso máximo da polpa (%), o peso da casca e a relação polpa: casca foram máximos no tratamento T8.

9. Vários tratamentos químicos alteraram significativamente os sólidos solúveis totais da manga Kesar. O teor mais elevado de sólidos solúveis totais da manga foi registado no tratamento sacarose 10% + ácido bórico

0,5% (T8).

10. O teor de acidez do fruto foi considerado não significativo com os diferentes tratamentos químicos. No entanto, foi registado um valor mais baixo de teor de acidez no tratamento sacarose 10% + ácido bórico 0,5% (T8).

11. Foi encontrada uma percentagem mais elevada de teor de açúcar total nos frutos com o tratamento sacarose 10% + ácido bórico 0,5% (T8). Mas a percentagem de açúcar total não foi significativa.

12. A percentagem de açúcar redutor dos frutos não foi significativa nos diferentes tratamentos químicos. No entanto, o teor máximo de açúcar redutor dos frutos foi registado no tratamento T8 (sacarose 10% + ácido bórico 0,5%).

13. Não houve diferença significativa no teor de açúcar não redutor dos frutos em relação aos diferentes tratamentos químicos. O valor mais elevado de açúcar não redutor foi registado com o tratamento sacarose 10% + ácido bórico 0,5% (T8).

14. O teor de ácido ascórbico da fruta foi considerado significativo por vários tratamentos químicos na manga. O valor mais elevado do teor de ácido ascórbico foi registado com o tratamento sacarose 10% + ácido bórico 0,5% (T8). Enquanto que o valor mais baixo foi observado no tratamento de controlo (T10).

15. A perda fisiológica de peso (%) foi considerada não significativa nos diferentes tratamentos químicos. No entanto, foi registado um valor mais baixo de perda de peso fisiológica no tratamento sacarose 10% + ácido bórico 0,5% (T8).

16. Na manga Kesar, o tempo de conservação não foi significativamente afetado pelos diferentes tratamentos químicos. No entanto, registou-se um tempo de conservação mais elevado (dias) com sacarose 10% + ácido bórico 0,5% (T8).

17. A percentagem de frutos comercializáveis foi considerada não significativa com vários tratamentos químicos. No entanto, a percentagem máxima de frutos comercializáveis foi observada com sacarose 10% + ácido bórico 0,5% (T8), seguida de T5

18. Relativamente à economia dos vários tratamentos químicos, o T8 (sacarose 10% + ácido bórico 0,5%) ocupa o primeiro lugar em termos de retorno líquido. No entanto, o BCR máximo foi obtido no tratamento T5 (sacarose 5% + ácido bórico 0,5%) devido ao menor custo de entrada.

## CONCLUSÃO

Com base no resumo acima, pode concluir-se que a aplicação de sacarose 5% + ácido bórico 0,5% (T5) na fase de plena floração, aumentou o número de frutos e a retenção de frutos, o número de frutos por árvore, a produção de frutos (kg/árvore), o peso dos frutos (g), os sólidos solúveis totais ($^{0}$ Brix) e o teor de ácido ascórbico (mg/100g) na manga Cv. Kesar.

# VII. REFERÊNCIAS


Afria, B. S.; Pareek, C. S.; Garg, D. K. e Singh, K. (1999). Effect of foliar spray of micronutrients and their combinations on yield of Pomegranate (Efeito da pulverização foliar de micronutrientes e suas combinações no rendimento da romã). *Annals Arid zone,* **38**(2): 189 - 190.

Anónimo (2009). State wise area and production of horticultural crops (Área e produção de culturas hortícolas por estado). Ministério da Agricultura, Governo da Índia, Gurgaon.

Ashour, N.E; Hassan, H.S.A e Mostafa, E.A.M (2008). Efeito de alguns transportadores de pólen na produção e na qualidade dos frutos das cultivares de tamareira Zaghloul e Samani. *J. Agric.& Environ. Sci.*, **4** (3): 391-396.

Babu, N e Singh, A. R. (1994). Efeito de pulverizações de boro, zinco e cobre no crescimento e desenvolvimento de frutos de lichia. *Punjab Hort. J.*, **34** (3- 4):75-80.

Baibourdi, A e Tabatabaei, S. J. (2008). Efeito da aplicação foliar de sacarose e ureia na frutificação da amêndoa. *Agronomia e Horticultura*, **21** (2): 133-141.

Balakrishnan, K. (2000). Pulverização foliar de zinco, ferro, boro e magnésio no crescimento vegetativo, rendimento e qualidade da goiaba. *Annals plant physio,* **14** (2): 151-153.

Banik, B. C. e Sen, S. K. (1997). Efeito de três níveis de zinco, ferro, boro e suas interações no crescimento, floração e rendimento da manga cv. Fazli. *Hort. J.,* **10** (1): 23-29.

Banik, B. C.; Mitra, S. K., Sen, S. K., e Bose, T. K. (1997). Efeitos das interações de pulverizações de zinco, ferro e boro na floração e frutificação da manga cv. Fazli. *Indian Agri.,* **41** (3): 187-192.

Bhakare, B.D.; More, T.A. e Gawade, M.H.(2006). Effect of foliar application of nutrients on yield and quality of Thompson seedless Grapes. *J. Maharashtra Agri. Univ.,* **31**(1): 109-110.

Bhatia, S.K.; Ahlawat, V.P.; Yadav, S. e Dahiya, S.S. (2001). Efeito da aplicação foliar de nutrientes no rendimento e na qualidade dos frutos da goiaba cv . L-49. *Haryana J. Hort. Sci.*, **30**(1-2): 6-7.

Daulta, B. S.; Kumar, R. e Ahlawat, V. P. (1983). Uma nota sobre o efeito da pulverização de micronutrientes na qualidade das uvas Beauty Seedless. *Haryana J. Hort. Sci., **12** (3* - 4): 198 - 199.

Dutta, P. (2004). Efeito da aplicação foliar de boro no crescimento da panícula, retenção de frutos e caracteres físico-químicos da manga Cv . Himsagar. *Indian J. Hort., **61*** (3): 265-266.

Dutta, P. e Dhua, R. S. (2002). Melhoria da qualidade dos frutos da manga Himsagar através da aplicação de zinco, ferro e manganês. *Hort. J., **15*** (2) : 1 - 9.

Dutta, P.; Banik, A. e Dhua, R. S. (2000). Effect of boron on fruit set, fruit retention and fruit quality of litchi cv. Bombai. *Indian J. Hort., 57* (4): 287 - 290.

Farid, A. T. M.; Halder, N. K. e Shahjahan, M. (2007). Efeito do boro na correção da forma e tamanho deformados da jaca. *Indian J. Hort. **64*** (2): 144 -149.

Ghanta P.K. e Mitra S. K. (1993). Efeito dos micronutrientes no crescimento, floração, teor de nutrientes nas folhas e rendimento da banana cv. Giant Governor. *Crop Res., 6* (2): 284 - 287.

Ghanta, P.K.; Dhua, R.S e Mitra, S,K.(1992). Resposta da papaia à pulverização foliar de boro, manganês e cobre. *Hort J.*, **5** (1): 43-48.

Ghumre, V. S. (2009). Estudo da pulverização foliar de produtos químicos na floração, rendimento, qualidade, parâmetros morfo-fisiológicos e teor de nutrientes nas folhas de sapota cv. Kalipatti. Tese de mestrado (Hort.) apresentada à NAU, Navsari.

Haque, R.; Roy, A. e Pramanick, M. (2000). Resposta da aplicação foliar de Mg, Zn, Cu e B na melhoria do crescimento, rendimento e qualidade da mandarina em Darjeeling Hills de Bengala Ocidental. *Hort. J.,* **13** (2): 1520.

Iglesias, D. J.; Tadeo, F. R.; Primo, M. E. e Talon, M. (2003). Dependência da frutificação da disponibilidade de hidratos de carbono em árvores de citrinos. *Tree Physiol.*, **23** (3): 199-204.

Jeyabaskaran, K. J. e Pandey, S. D. (2008). Efeito da pulverização foliar de micronutrientes na banana em condições de pH elevado do solo. *Indian J. Hort.,* **65** (1): 102-105.

Jeyakumar, P.; Durgadevi, D. e Kumar, N. (2001). Efeito da fertilização com zinco e boro na melhoria da produção de frutos na papaia (*Carica papaya* L.) cv. Co-5. Nutrição de plantas, segurança alimentar e sustentabilidade de agroecossistemas, 356-357.

Kamble, A. B.; Desai, U. T. e Choudhari, S. M. (1994). Effect of micronutrients on fruit set, fruit retention and yield of ber. *Annals Arid zone*, **33** (1) : 53-55.

Kar, P. L.; Sema, A.; Maiti, C. S. e Singh, A. K. (2002). Efeitos do zinco e do boro nos frutos e nas caraterísticas de qualidade do ananás. *South Indian Hort.,* **50** (13): 44-49.

Kavita, M.; Kumar, N. and Jeyakumar, P.L. (2000).Effect of zinc and boron on biochemical and quality characters of papaya Cv. Co-5. *South Indian Hort.*, **48** (1-6): 1-5

Kumar, R.; Kumar, P. and Singh, U. P (2008) Effect of foliar application of nitrogen, zinc and boron on flowering and fruiting of mango (*Mangifera indica* L.) cv. Amprapalli. *Environment and Ecology*, **26** (4B).

Kumar, S. e Bhushan, S. (1980). Effect of Zinc, Manganese and Boron Applications on Quality of Thompson Seedless Grape. *Punjab Hort. J.*, **20** (1-2): 61-65.

Kumar, S. e Pathak, R. A. (1992). Efeito da aplicação foliar de nutrientes no rendimento e na qualidade das uvas (*Vitis venifera* L.) cv. Perlette. *Prog. Hort.*, **24** (1-2): 13-16.

Lal, G.; Sen, N. L. e Jat, R. G. (2000). Rendimento e composição nutricional das folhas da goiabeira sob a influência de nutrientes. *Indian J. Hort.*, **57** (2) :130-132.

Meena, V. S.; Yadav, P. K. e Bhati, B. S. (2006). Efeito do sulfato ferroso e do bórax na qualidade do fruto da baga. *Prog. Hort.,* **38** (2): 283-285.

Misra, R. S. e Khan, I. (1981). Efeito do ácido 2, 4, 5-Triclorofenoacético e dos micronutrientes no tamanho dos frutos, na maturação e na qualidade da lichia cv. Rose scented. *Prog. Hort.*, **13** (3-4): 87-90.

Naik, K. C. e Rao, M. M. (1945). Estudos sobre a floração e a polinização em mangas (*Mangifera indica.* L). *Indian J. Hort.*, **1** (2): 107-119.

Nehete, D. S. (2009). Influência da pulverização de micronutrientes na floração, rendimento, qualidade e teor de nutrientes na folha da manga cv. Kesar. Uma tese de mestrado (Hort.) apresentada à NAU, Navsari.

Panday, D. K.; Pathak, R.A. e Pathak, R.K. (1988). Estudos sobre a aplicação foliar de nutrientes e reguladores de crescimento de plantas em goiaba Sardar (*Psidium guajava* L.) I - Efeito no rendimento e na qualidade dos frutos. *Indian J. Hort.,* **45** (3- 4):197-202.

Panse, V. G. e Sukhatme, P. V. (1967). Statistical Method for Agricultural Workers. ICAR publ., Nova Deli, PP. 361.

Pant, V. and Lavania, M. L. (1989) Effect of foliar application of iron, zinc and boron on quality of papaya fruits (*Carica papaya* L.) *Prog. Hort.,* **21** (12): 165-167.

Pant, V. e Lavania, M. L. (1997). Efeito de pulverizações foliares de ferro, zinco e boro no crescimento e rendimento da papaia (*Carica papaya* L.). *South Indian Hort.,* **46** (1-2): 5 - 8.

Prabu, P. C. e Singaram, P. (2001). Efeito da aplicação foliar e no solo de zinco e boro no rendimento e na qualidade das uvas cv. Muscat. *Madras Agric. J.,* **88** (7-9): 505-507.

Rai, R. M.; Tiwari, J. D., Pant, N. e Pathak, C. P. (1988). Efeito da pulverização de micronutrientes na qualidade do fruto da laranja. *Prog. Hort.,* **20** (1-2):133- 135.

Ram, R. A. e Bose, T. K. (2000). Efeito da aplicação foliar de magnésio e micronutrientes no crescimento, rendimento e qualidade dos frutos da tangerina. *Indian J. Hort.,* **57** (3): 215-220.

Ranganna, S. (1980). Manual of Analysis of Fruits and Vegetables (Manual de Análise de Frutas e Legumes). Tata McGran Hill Pub. Co. Ltd., Nova Deli.

Rani, R. e Brahmachari, V. S. (2001). Efeito da aplicação foliar de cálcio, zinco e boro no rachamento e na composição físico-química da lichia. *Orissa J. Hort.,* **29** (1): 50-57.

Rath, S.; Singh, R.L.; Singh, B. e Singh, D. B. (1980). Efeito de pulverizações de boro e zinco na composição físico-química de frutos de manga. *Punjab Hort. J.*, **20**(1-2): 33-35.

Ravel, P. e Leela, D. (1975) Effect of Urea and Boron on the quality of Grapes. *Indian. J. Hort.*, **32** (1-2): 58-60.

Ravoof, A. A. (1962). Estudos preliminares sobre o efeito do ácido bórico, ácido giberélico e reguladores de crescimento na frutificação, maturação e composição da sapota (*Acharas zapota* L.). *Madras Agri. J.,* **50** (2): 88-89.

Sanna, Ebeed. e Abd El-Migeed, M.M.M.(2005).Efeito da pulverização de sacarose e alguns elementos nutritivos em mangueiras Fagri Kalan. *J. Applied Sci. Res.*, **1** (5): 341-346.

Saraswathy, S.; Balkrishnan, K.; Azhakia Manavalan, R.S. e Thangaraj, T. (2004). Efeito do zinco e do boro no crescimento, rendimento e qualidade da sapota (*Manilkara Achras* Mill.) cv.PKM-1. *South Indian Hort.*, **52** (1-6): 41-44.

Sarkar, G. K.; Singh, M. M.; Misra, R. S. e Srivastava, R. P. (1984). Efeito da aplicação foliar de elementos minerais na fissuração de frutos de lichia. *Haryana J. Hort. Sci.*, **13** (1-2): 18-21.

Sarma B. e Chakrabarty B.K. (2003). Efeito de alguns produtos químicos nas caraterísticas de dedo da banana Musa (grupo AAB) Malbhog. *Crop. Res.*, **25** (3): 484 - 487.

Shrivastav, S. C. (2007). Índia: Gujarat vai começar a exportar mangas Kesar para os EUA e o Japão. Diretor-Geral, Gujarat Agro Industries Corporation, Estado de Gujarat.

Shrivastav, S. S. (1970). Efeito da aplicação foliar de boro no ananás: O seu efeito no crescimento, rendimento e qualidade do fruto. *Madras Agric. J.* **57** (2): 146151.

Singh, C.; Sharma, V. P.; Usha, K. and Sagar, V.R. (2002) Effect of macro and micronutrient on physico-chemical characters of grape cv. Perlette. *Indian J. Hort.,* **59** (3): 258-260.

Singh, D. K.; Ghosh, P. K.; Paul, P. K. e Suresh, C. P. (2010). Efeito de diferentes micronutrientes no crescimento, rendimento e qualidade da papaia (*Carica papaya* L.) cv. Ranchi. *Ata Hort.*, **851**:351-356.

Singh, J. e Maurya, A.N. (2003). Efeitos dos micronutrientes na qualidade dos frutos da manga cv. Mallika. *Prog. Agric.,* **3** (1/2): 92-94.

Singh, P. N. e Chhonkar, V. S. (1984). Effect of Zinc, Boron and Molybdenum as Foliar spray on chemical composition of Guava fruit. *Punjab Hort. J.*, **24** (1-2): 34-37.

Singh, R.R.; Joon, M.S. e Daulta, B.S. (1983). Uma nota sobre o efeito da pulverização foliar de ureia e ácido bórico na composição físico-química de frutos de goiaba cv.Lucknow-49. *Haryana J. Hort. Sci.*, **12** (1-2): 68-70.

Supriya, L, e Bhattacharya, R. K. (1993). Efeito da aplicação foliar de zinco quelatado e não quelatado no crescimento e rendimento do limão assam. *Hort. J.*, **6** (1) : 35-38.

Suresh, S. e Savithri, P. (2001). Rendimento e qualidade da banana de zonas húmidas influenciados pela calagem e aplicação de nutrientes num solo ácido. *Haryana J. Hort. Sci.*, **30** (1-2): 12-13.

Yehia, T.A. e Hassan, H.S.A. (2005). Efeito de alguns tratamentos químicos na **frutificação da pera 'Leconte'**. *J. Applied Sci. Res., **1*** (1): 35-42.

**Apêndice I: Dados meteorológicos mensais durante o período experimental (12 de janeiro a 25 de maio de 2010).**

| Dados semanais | Temperatura (⁰C) | | Humidade relativa (%) | | Precipitação (mm) | Pressão de vapor (%) | | Brilho do sol (Horas dia-1) | Evaporação (mm/dia) |
|---|---|---|---|---|---|---|---|---|---|
| | Máximo. | Min. | Manhã | E | | Manhã | E | | |
| 12/01/10 | | 16.5 | 87 | 58 | 0.00 | 13.0 | 16.4 | 6.5 | 4.4 |
| 19/01/10 | | 11.9 | 87.71 | 45.14 | 0.00 | 10.3 | 14.2 | 9.1 | 4.15 |
| 26/01/10 | | 11.6 | 84.71 | 30.1 | 0.00 | 10.2 | 10.7 | 9.1 | 3.88 |
| 02/02/10 | | 13 | 86.42 | 29.1 | 0.00 | 11.1 | 10.3 | 9.2 | 4.05 |
| 09/02/10 | | 15.2 | 93.14 | 45.2 | 0.00 | 13.4 | 15.1 | 9.3 | 3.84 |
| 16/02/10 | | 12.34 | 87.57 | 44 | 0.00 | 13.1 | 13.0 | 9.3 | 4.01 |
| 23/02/10 | | 12.24 | 86.14 | 43.4 | 0.00 | 11.1 | 13.4 | 9.4 | 4.38 |
| 02/03/10 | | 12.97 | 84.57 | 38.5 | 0.00 | 12.3 | 14.2 | 10.2 | 5.11 |
| 09/03/10 | | 12.50 | 88.14 | 46.4 | 0.00 | 14.6 | 16 | 10.1 | 5.14 |
| 16/03/10 | | 13.97 | 72.71 | 45.8 | 0.00 | 14.7 | 17.6 | 9.9 | 5.7 |
| 23/03/10 | | 16.57 | 83.15 | 37.1 | 0.00 | 15.2 | 16.4 | 10.6 | 5.9 |
| 30/03/10 | | 16.68 | 87.14 | 48.5 | 0.00 | 15.5 | 18.6 | 10.5 | 5.4 |
| 06/04/10 | | 14.84 | 78.57 | 43.5 | 0.00 | 16.2 | 17.4 | 10.9 | 6.6 |
| 13/04/10 | | 14.95 | 75.42 | 41.4 | 0.00 | 18.4 | 23.8 | 9.3 | 6.18 |
| 20/04/10 | | 22.95 | 87.42 | 50.1 | 0.00 | 21.22 | 22.1 | 10.7 | 7.04 |
| 27/04/10 | | 21.55 | 77 | 45.8 | 0.00 | 22.6 | 20.9 | 11.1 | 6.92 |
| 04/05/10 | | 23.1 | 81.5 | 57 | 0.00 | 22.7 | 23.5 | 11.1 | 7.55 |
| 11/05/10 | | 24.22 | 83 | 48.1 | 0.00 | 24.0 | 21.7 | 11 | 6.07 |
| 18/05/10 | | 24.32 | 83.4 | 59.5 | 0.00 | 24.8 | 24.8 | 11.4 | 7.78 |
| 25/05/10 | | 27.18 | 82.85 | 71.2 | 0.00 | 26.4 | 25.7 | 10.8 | 8 |

**Fonte: Observatório Meteorológico Agrícola, Estação Experimental Agrícola, Paria. N. A. U.**

yes
I want morebooks!

Buy your books fast and straightforward online - at one of world's fastest growing online book stores! Environmentally sound due to Print-on-Demand technologies.

Buy your books online at
**www.morebooks.shop**

Compre os seus livros mais rápido e diretamente na internet, em uma das livrarias on-line com o maior crescimento no mundo! Produção que protege o meio ambiente através das tecnologias de impressão sob demanda.

Compre os seus livros on-line em
**www.morebooks.shop**

info@omniscriptum.com
www.omniscriptum.com

Printed by Books on Demand GmbH, Norderstedt / Germany